日式油炸料理新口味150

无限想象　崭新技巧

日本柴田书店　编
小小绿　译

河南科学技术出版社
·郑州·

炸好起锅时的香味与金黄的色泽、酥脆的口感

魅力四射、众人皆喜的油炸料理

近年来，日式料理店中常备有红酒、香槟以及气泡日本酒等酒类，其销量也日渐增加。为了与其搭配食用，越来越多的店铺致力于推出种类丰富的油炸物。又因为油炸物分量大、入口便知口味，男女老少对它的满意度都很高，所以，从普通菜单到高级餐厅的套餐，油炸物都赫然在目。

本书除了介绍广受欢迎的油炸物外，还介绍了使用油炸技巧烹饪的凉拌类、炖煮类以及米饭类料理。本书收录了150种魅力四射的油炸料理，上至前菜，下至甜点、下酒菜等。为了烹饪好各种油炸料理，本书详细总结了适当的『温度与时间』、料理者的『预想状态』等内容，以供各位参考。

本次为了向各位介绍全新口味的油炸料理，我们请来了厨师界的一些后起之秀。除了日式料理中传统的油炸料理，还介绍了更多非同寻常、颠覆过去的料理。如若本书能为各位的一日三餐添上些许灵感，我们将倍感荣幸。

柴田书店书籍编辑部

目录

第二章　蔬菜 油炸料理

第三章　肉和鸡蛋 油炸料理

本书使用方法

- 我们在已经完成的料理旁边附上了食材未裹面衣的图片，请参考。
- 本书记录了每道料理的制作步骤、油炸时的适当温度与时间，以及油炸时的预想状态。温度与时间应随食材的分量和面衣等状态的不同而有所变化，所以书中的数值仅供参考。
- 标注的分量中若无单位，则为搭配所需的比例。
- 有关材料栏的分量，标记数量者，若未做特殊说明，则为制作本书所刊载料理的数量。此外，需要一起制作的食材，则标记为容易制作的分量。
- 目录页第一章至第五章每道料理名称正上方标注的食材为该道料理所用主材，以此方式对读者加以提示。

日本工作团队
摄影：天方晴子
美术设计：中村善郎　yen
编辑：佐藤顺子

◎油炸物的基本事项

［干粉］

在裹上面衣前需先撒上干粉。一般使用小麦粉作为干粉。小麦粉具有黏性，使用小麦粉作为干粉可以让面衣均匀裹在食物上。但是，需要注意的是，若撒上的干粉过多，面衣也会过厚，则会导致油炸物过重。尽可能拍打掉多余的干粉后再裹面衣。

［水分］

一般来说，会在蛋液里加上低筋面粉混合搅拌，作为天妇罗（日式料理中裹上面糊炸制而成的食物统称）的面衣或者较薄的面衣使用。此时的蛋液是由蛋黄和水混合而成的。如果想让面衣呈现白色，有时会使用蛋清，抑或不用鸡蛋，只用水。

无论采用哪种方法，都会产生一种名为麸质的黏性物质，所以接下来用较粗的筷子将其搅拌均匀即可。为了防止面衣过黏，可以事先将所用材料及工具冷却后再使用。这是因为在低温状态下不易形成麸质。

［粉的种类］

一般情况下，天妇罗的面衣会使用蛋白质含量较低（不易形成麸质）的低筋面粉。如果能搭配使用蛋白质含量更低的玉米淀粉或米粉的话，则能做出更为轻薄的面衣。

素炸（指挂上薄薄的一层粉炸制）食材用低筋面粉，面粉会锁住食材水分，使其口感更为湿润。但若是使用蛋白质含量较低的马铃薯淀粉、玉米淀粉及较细的米粉或者糯米粉等，就能够形成更为轻薄的面衣。

将素炸食材挂上的粉握紧实些，使其牢牢附着在食材上，再拍掉多余的粉，食材不易裸露在外，也能均匀炸熟。

［面包糠等］

炸东西时如果要裹上面包糠、花式油炸用的糯米粉或者颗粒较大的面衣时，可以在撒上干粉后过一下蛋液或稀面糊（面粉和水混合搅拌而成的流状面糊），这样可以裹得更均匀。

若使用脱水的干面包糠、糯米粉或者米饼粉等，则能炸得更为酥脆。将干面包糠碾细一点再用，能炸得更加薄脆爽口。

［油］

一般使用的是精制菜籽油、大豆油、米糠油等。有些天妇罗店也会使用芝麻油以激发香味。虽然对油的特性有所坚持极其重要，但是为了使油保持质感，必须勤换油。像白扇油炸物（裹着马铃薯淀粉的油炸食物）这样注重呈现白色色泽的油炸食物，则更需要注意油的使用。

［大致的油温］

不同的油温条件下，天妇罗面衣会呈现的状态如左所列。

需要注意，可能会因食材的材质和一次性下入锅中的分量不同，呈现的状态存在差异。但是如果没有在下锅前将油温升至某种程度，一旦下入食物，油温必然会下降，若温度达不到，面衣会脱落，食物则无法炸得酥脆。

高温 → 180 ～ 190 ℃

当温度在 180 ℃时，面衣会迅速沉至一半油深后立刻浮起。当温度达到 190 ℃时，面衣则不会沉底，只会在表面散开。高温情况下经常会产生大量气泡。

中温 → 170 ℃左右

在产生小气泡的同时缓缓下沉，而后迅速浮起。

低温 → 150 ～ 160 ℃

缓缓下沉之后慢慢浮起。

参考文献：《天妇罗全书》(《天ぷらの全仕事》) / 近藤文夫著（日本柴田书店出版）

◎油炸技法与新口味研究

1

让面衣更爽口，重点在于适当的温度与合理的时间

油炸这种高温烹饪方式，可以将面衣和食材中的水分抽离出来，从而使食物产生独特的口感。油炸物虽然种类丰富，例如有素炸（顾名思义是很朴素的炸法，挂上薄薄的一层粉进行炸制）、干炸（什么也不加直接炸制）、裹粉炸（裹上厚厚的粉或面包糠进行炸制）等，但无论哪一种，其魅力皆在于起锅后的香味与口感。如若起锅后放置一段时间，其味道也会有所转变。

油炸物既有又轻又脆的面衣，也有稍带咬劲的外皮。面衣的厚度、面包糠或糯米粉等的颗粒大小，以及油炸方式的不同，都会带来多种多样的口感。然而，对口感起关键作用的无疑是油炸时的温度与时间。如果温度与时间的掌控能与油炸物起锅后的预想状态匹配的话，即便是油炸物，吃起来也挺爽口、不油腻。需要注意的是，如果没有很好地抽离面衣的水分，油便不好沥干，面衣吸油之后就会沉甸甸的，热量也将增加数倍。

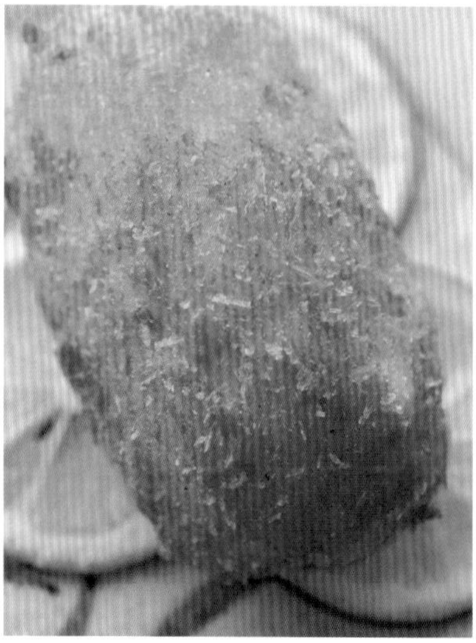

选择适合食材的面衣并改变油炸方式，调整口感，达到理想的油炸效果（不油腻且爽口）。

2

锁住美味，口感酥脆，油炸脱水！

油炸脱水需要根据食材来调整温度与时间。水分含量较高的食材，例如根茎类等，就需要长时间在低油温的条件下油炸脱水，这样一来便能锁住食材的甜度与美味（第 108 页炭烤洋葱、第 157 页炸面筋与根茎菜田乐味噌）。慢慢炸干牛蒡中的水分，得到爽脆纤维质的脆牛蒡（第 93 页）；还有红薯脆条（第 95 页）的制作，也是这种脱水方式。最重要的是适当去除水分的同时，还要保证食物不被炸焦。

此外，切成细条的紫苏叶、马铃薯、葱、生姜，或者樱花虾等食材，则需要在短时间内油炸脱水（第 89 页煮海鳗棒寿司 发丝紫苏、第 96 页新马铃薯爽脆沙拉、第 60 页稻庭乌龙面 樱花虾速炸），由此才能激发食材独特的味道。

油炸的魅力之一：脱水后锁住食材的甜味与香味。

3 以面衣作为保护层，内层半熟而多汁

因为有面衣作为保护层，所以油炸物的内层未直接受热，可呈现半熟状态。这样的好处是将内层的水分和美味锁在了面衣内。即便在高温油炸状态下，利用面衣也可以缓冲高温对内层的破坏。

同时，隔着面衣，内层本身的水分也得以缓慢蒸发。这样不仅可以得到蒸这种烹饪方式的效果，也可以利用面衣的余温使食材达到一定的火候。

虽然这是炸牛排惯用的烹饪手法，但是本书也介绍了运用此种方法烹饪鱼贝类刺身等的范例（第 51 页炸大头菜和鲣鱼、炙烧风味炸生鲣鱼）。

此外，若使用春卷皮、米线网或者腐皮等材料包裹起来油炸，因为这些材料能包住含水量较高的食材，所以能够烹饪出既热乎又细腻顺滑乃至入口即化的料理。

裹粉炸的特征之一是能够制作出更加柔和的内馅。如果不想把内馅炸得过老，就可以采用裹粉的方法保护食材。

4 油炸后更易黏附调味料

『过油』是中华料理中经常使用的烹饪方法，通常在下锅翻炒前进行。将切好的食材放入温度适宜的油锅中炸一下，大约 30 秒后捞起沥油。过油是一种很占优势的烹饪方法，可以快速制作料理且使食材受热均匀。

受过油这种烹饪方式的启发，本书介绍了将撒粉肉类（过油前先在肉上撒粉）和蔬菜先炸后炒的范例（第 128 页炸烤鸭和炸苦瓜 炒有马山椒）。

这样一来不仅可以使食材均匀受热，缩短制作时间，而且由于食材已经沾上了面粉，在之后的制作过程中也更易黏附调味料。

再者，若是采用先炸后煮的烹饪方式，煮的时候食材不仅不容易散开，也更易入味（第 50 页旗鱼荷兰烧）。

裹粉炸之后的食材更易黏附调味料。

先油炸后烘烤，能将食材中的油分沥尽，并增添熏香味。

既保留清淡食材的多汁感，又增添食物的分量。

5

先炸后烤，沥油，增加炭火熏香味

这里以炭烤洋葱（第108页）为例进行解说。洋葱在低温下油炸，其表面的油不易沥干。如果将油炸后入口即化的洋葱用炭火烤一烤，不仅能使洋葱表面的油滴落，更因油滴落在炭火上能产生烟，而赋予洋葱独特的烟熏香味。

此外，低温慢炸新鲜的带叶洋葱，便能维持其绵软的口感、甘甜的口味。不过带叶洋葱易吸油，若用烤箱再烘烤一番，油便会滴落，如此更能品尝到洋葱入口即化的甘甜（第109页炸带叶洋葱凉拌毛蟹与金枪鱼丝）

先炸后烤，油落添香。希望大家能将这个新的油炸技巧用在除洋葱外的其他食材上。

6

为清淡的食材增加分量

油炸物的魅力之一就是为油脂较少的食材增添浓郁的口味。如油炸四鳍旗鱼或鸡胸肉等，裹上面衣或粉类后，便能在保持食材水分的情况下赋予其油脂的浓郁感。在炙烤鲣鱼刺身之类，又或者是将油脂含量较低的鱼类的表皮进行烘烤时，若以油炸代替烘烤，便能使其口味更加浓郁（第50页炙烧风味鲣鱼 配香葱）。

此外，若是油炸后再煮一下，则能让炖汁更加浓郁，增添料理的分量（第50页旗鱼荷兰烧）。汤品也是一样，汤料油炸后更易吸附汤汁，汤的浓郁感得以提升。

若是想为凉拌菜增加分量，可以拌入油炸过后的食材，这样也能提高就餐的满足感。做沙拉也一样。在清爽的蔬菜里加入油渣和炸得酥酥脆脆的马铃薯，不单能使口感更有层次，也能够增加油脂的浓郁感（第96页新马铃薯爽脆沙拉、第149页炸酥脆凉拌山菜与乌鱼子）。沙拉酱和凉拌汁的酸味与油相融合，吃起来比较清爽，这一点也极为重要。

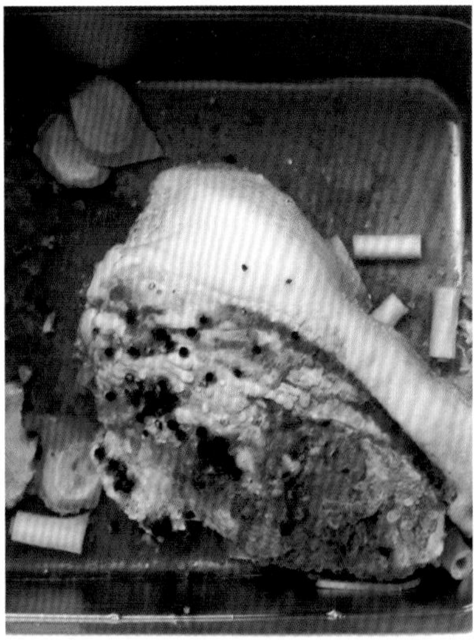

提前将食材加热，因食材内部温热，便可缩短油炸时间。

由于溶解粉类的水的种类和分量不同，炸好的食物口感也会不同。

7

提前加热要油炸的食材缩短油炸时间

例如第137页的油封猪肩里脊 炸猪排，虽然做成了炸猪排盖浇饭，但像这样提前加热过的食材，在油炸的过程中可以只关注面衣的炸制。

海老芋和崛川牛蒡等根茎类食材如果生炸的话，会非常消耗时间，等到中间熟了，面衣就会被炸焦，因此提前把食材煮一煮便能够节省油炸时间。

如果炸的是稍稍会变硬的芝麻豆腐等食材，炸至食材中心部分温热即可，所以挂上薄薄一层面衣便可开始油炸。

本书所介绍的香煎高汤蛋卷（第141页）也是在准备阶段就已提前煎好蛋卷，因此可以减少油炸的时间。

对于需要花费大量时间才能做熟的食材，如果希望油炸的颜色不要过深，或者想短时间炸好的话，那么就提前加热一下吧。

8

用碳酸水溶解粉类或是在粉类中混入蛋白霜

以粉类溶于水，便制成了包裹油炸食物的面衣。

虽然天妇罗的面衣一般是用低筋面粉加蛋液混合搅拌而成的，但也可以利用粉类或是水的特性，做些变化。例如用碳酸水代替水，便会带来酥脆的口感。这是因为碳酸水中含有二氧化碳，二氧化碳在高温油炸的情况下会将面衣中的水分一并带出，因此炸好的食物不会有黏腻感。

再以意大利料理中使用的面衣为例，将蛋白打发后制成蛋白霜，加入粉类中混合搅拌，便能制成口感较硬的面衣。本书也介绍了利用这种面衣做成的特殊油炸料理（第67页炸白带鱼蚕豆酥）。

可乐饼、肉饼图鉴

可乐饼和肉饼是广受大众喜爱的油炸物的代表。它们虽然是普通的油炸物，但是只要在内馅上下点功夫，加入应季食材，同样不失日式料理独有的精致感。每月、每季也很方便更换菜单推出新品，或者做成店内的招牌菜。

旬菜 小仓家

黑鲍鱼山药泥可乐饼

→做法详见第 19 页

旬菜 小仓家
香箱蟹鸡蛋可乐饼
→做法详见第19页

旬菜 小仓家
生海胆
青海苔米饭可乐饼
→做法详见第19页

旬菜 小仓家
牡蛎市田柿奶油可乐饼
→做法详见第20页

莲
面包糠炸螃蟹
→做法详见第20页

雪椿

蛤蜊春甘蓝可乐饼

→做法详见第21页

雪椿

牡蛎奶油可乐饼

→做法详见第20页

雪椿

黑豆可乐饼

→做法详见第22页

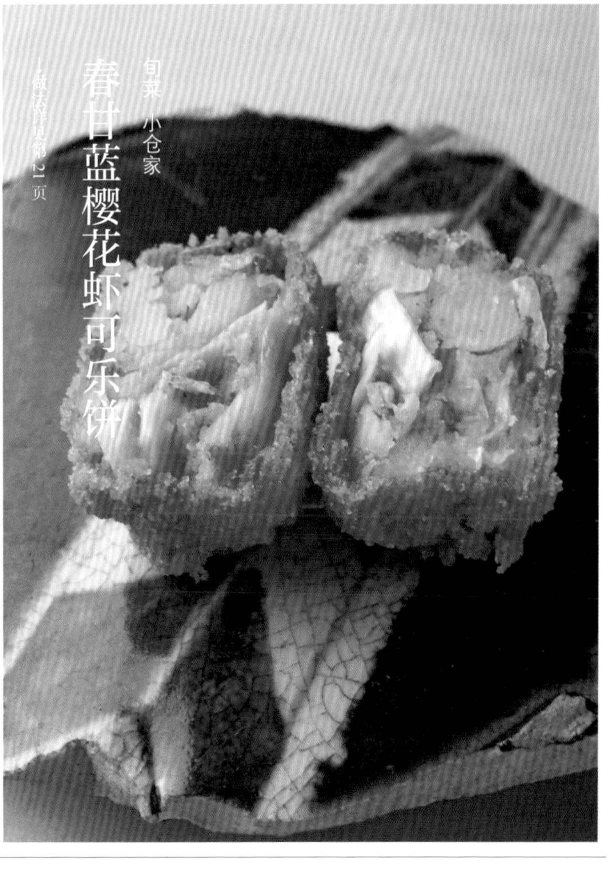

旬菜 小仓家

春甘蓝樱花虾可乐饼

→做法详见第21页

西麻布 大竹

牛肝菌帆立贝奶油可乐饼

→做法详见第 22 页

西麻布 大竹

竹笋、青椒、胡萝卜炸肉饼

→做法详见第 23 页

旬菜 小仓家

小仓家可乐饼

→做法详见第 22 页

雪椿
炸肉饼
→做法详见第23页

旬菜 小仓家
蜂斗菜可乐饼
→做法详见第23页

楮山
丹波乌鸡可乐饼和烤鸡
→做法详见第24页

可乐饼和肉饼炸之前的样子

香箱蟹鸡蛋可乐饼

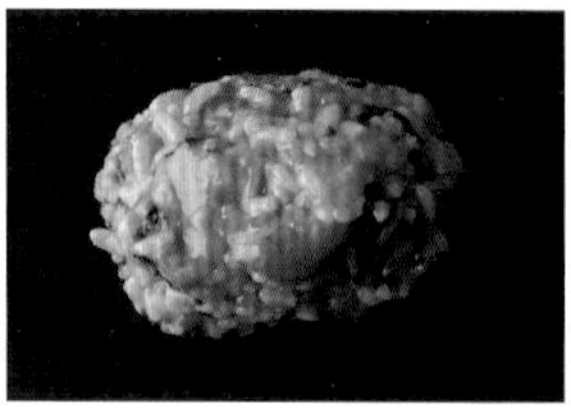
生海胆青海苔米饭可乐饼

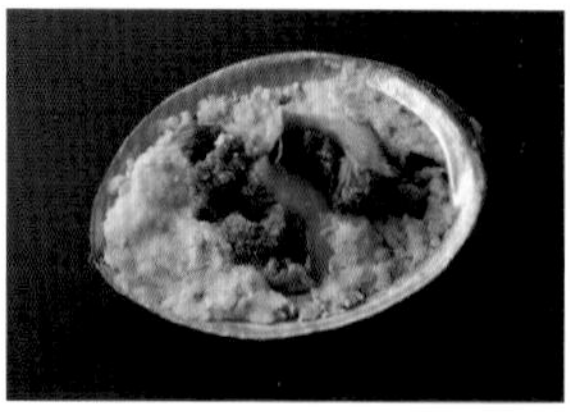
黑鲍鱼山药泥可乐饼

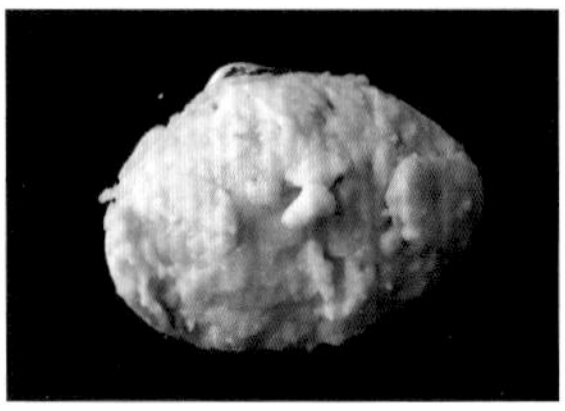
蛤蜊春甘蓝可乐饼

牡蛎奶油可乐饼

牡蛎市田柿奶油可乐饼

面包糠炸螃蟹

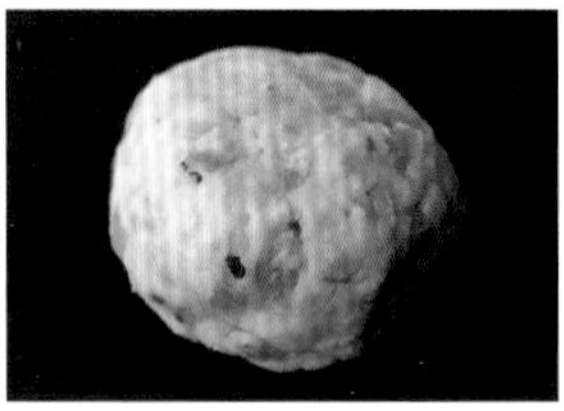
小仓家可乐饼

牛肝菌帆立贝奶油可乐饼

黑豆可乐饼

春甘蓝樱花虾可乐饼

丹波乌鸡可乐饼和烤鸡

炸肉饼

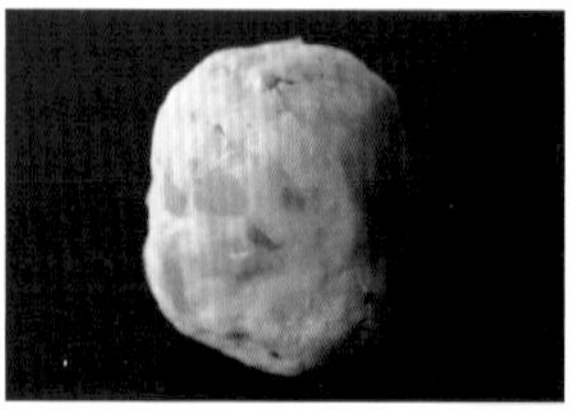
蜂斗菜可乐饼

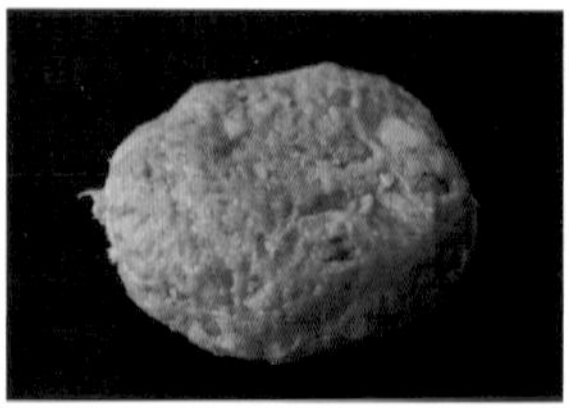
竹笋、青椒、胡萝卜炸肉饼

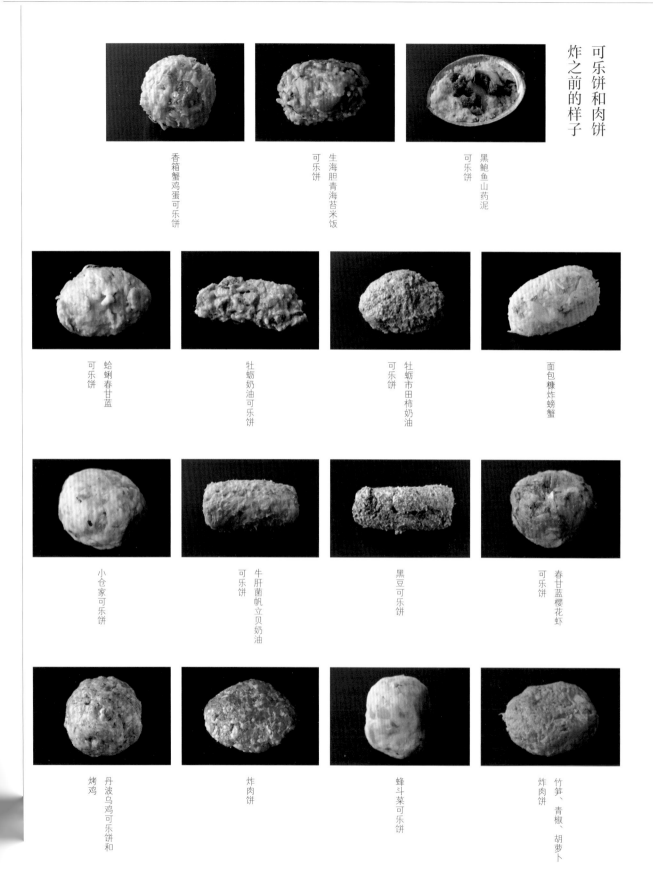

黑鲍鱼山药泥可乐饼

旬菜　小仓家

将软软嫩嫩的馅料（山药泥和鲍鱼肉）填入鲍鱼壳中，撒上米饼粉炸制而成的可乐饼。把鲍鱼切成小块来提升质感。

> **温度时间：160 ℃炸 3 分钟。**
> **预想状态：低温久炸。**
> **注意不要让山药泥的水分流失。**

可乐饼馅料（容易制作的分量）
- 鲍鱼、昆布、日本酒
- 山药泥（磨碎的山药 600 g、鸡蛋 2 个、马铃薯淀粉 100 g、色拉油适量）

低筋面粉、蛋液、米饼粉*、油

*用料理机把柿种打碎制成。（柿种是起源于日本新潟县的一种米制零食。柿种的做法是将糯米磨成粉后蒸，再放入冰箱冷却凝固，然后将凝固了的糯米饼切割成柿子的种子的样子，等其干燥后放入烤箱使之膨化，最后进行调味。）

1　蒸鲍鱼。首先用清水洗净鲍鱼，将其放在托盘上并在上面铺上昆布。淋上日本酒，大火蒸 4 分钟。将鲍鱼肉从壳上取下并切成小块。

2　制作山药泥。在锅中下入色拉油，大火翻炒磨碎的山药。待山药变得黏稠之后，再加入蛋液搅拌。等两者混合在一起后加入马铃薯淀粉，小火搅拌 10 分钟。

3　1 和 2 混合在一起便成了可乐饼的馅料，把馅料填进鲍鱼壳中。撒上低筋面粉并用刷子刷上蛋液，再撒上米饼粉，油温 160 ℃下锅炸。如果油温过高，那么在中心熟透前便会炸焦，所以一定要用低温油炸。

4　炸至金黄后捞出，放在适量的精盐（未在食谱分量内）上固定好再上桌。

生海胆青海苔米饭可乐饼

旬菜　小仓家

在面衣中加入糙米（玄米香煎），增添酥脆口感。在米饭中拌入海胆和海苔，做成带有海水味道的米饭可乐饼。

> **温度时间：160 ℃炸 2 分钟，最后油温升至 180 ℃。**
> **预想状态：外层硬化。**

可乐饼内馅
- 海胆
- 海苔
- 米饭
- 浓口酱油

低筋面粉、蛋液、面衣*、油

*取 100 g 糙米、20 g 白芝麻和 10 g 干面包糠，搅拌均匀后倒入料理机搅碎。

1　制作可乐饼内馅。将成团的米饭搅散，加入海胆和海苔并搅拌，随后使用浓口酱油调味，制作成饭团，一个 70 g。

2　将饭团撒上低筋面粉，过蛋液，再充分裹上面衣，油温 160 ℃下锅炸。最后将油温升至 180 ℃后再起锅。

香箱蟹鸡蛋可乐饼

旬菜　小仓家

蟹肉与颗粒感十足的蟹籽混合在一起，有种独特的口感。包在中间的调味鸡蛋的蛋黄，使口感更丰富。

> **温度时间：160 ℃炸 4~5 分钟。**
> **预想状态：低温慢炸，使溏心蛋的中间变熟。**

香箱蟹、盐、蛋黄、马铃薯淀粉

调味鸡蛋（鸡蛋、浓口酱油 60 mL、高汤 38 mL、味醂 45 mL）

低筋面粉、蛋液、面衣（参见本页生海胆青海苔米饭可乐饼）、油

1　先将香箱蟹的蟹腿用橡皮筋绑好，随后将其腹部朝上放于盘子上，撒上盐后上锅蒸 20 分钟。蒸好后取出放凉，掏出蟹肉和蟹籽弄散并搅拌在一起。

2　制作调味鸡蛋。鸡蛋在 67 ℃的水中隔水加热 20 分钟，然后再放入水中。去壳后浸泡在由浓口酱油、高汤和味醂混合而成的汤汁中 2 小时。

3　1 加入蛋黄和少量马铃薯淀粉搅拌成黏糊状。

4　取出调味鸡蛋的蛋黄，随后在其表面裹上 3，用刷子轻轻刷上一层薄薄的低筋面粉后过下蛋液，最后再裹上面衣，油温 160 ℃下锅炸。

5　将油沥干后再装盘，摆上螃蟹壳加以装饰。

面包糠炸螃蟹 莲

看起来给松散的碎蟹肉加一点黏性，只用蟹肉做成的可乐饼。为了展现蟹肉的鲜香，不宜将颜色炸得太深，看起来清爽些更好。

温度时间：160 ℃炸 3 分钟，最后油温升至 170 ℃。
预想状态：低温慢炸至内馅熟透。颜色宜浅。

可乐饼内馅
- 碎蟹肉（煮熟）
- 鱼肉泥、蛋黄酱*

低筋面粉、稀面糊（低筋面粉 3 ：玉米淀粉 1 ：苏打水 1.5）、干面包糠（细小颗粒款）、油

酢橘

*使用打蛋器打发 1 个蛋黄，随后慢慢加入 140 mL 色拉油搅拌，制成原味蛋黄酱。

1 制作可乐饼内馅。在鱼肉泥里加入少量蛋黄酱搅拌均匀。

2 随后加入碎蟹肉混合均匀。其比例约为 10 ：1（碎蟹肉 10，1 的材料 1）。

3 取 2 的材料捏成圆柱形，一个 35 g，撒低筋面粉，再依次裹上稀面糊和干面包糠。

4 油温 160 ℃下锅炸。边翻面边控制其颜色不要过深，待到中间熟透后再提升油温。

5 把酢橘切成圆片放在盘子上打底，随后摆放蟹肉可乐饼。

牡蛎市田柿奶油可乐饼 旬菜 小仓家

蒸熟的牡蛎的鲜美和柿饼的甘甜相互交织。若提前把白酱加热好，可以迅速上桌。

温度时间：180 ℃炸 40 秒。
预想状态：在高温油炸下中心熔化变软，外层包裹的面衣酥脆爽口。

可乐饼内馅（容易制作的分量）
- 牡蛎肉…6 个量
- 市田柿（切成小块）…2 个量
- 日本酒…适量
- 白酱*

低筋面粉、蛋液、干面包糠（细小颗粒款）、油

番茄酱（容易制作的分量）
- 番茄罐头…500 g
- 番茄汁…40 g
- 盐、浓口酱油…各适量
- 马铃薯淀粉…适量

*熔化 50 g 黄油，翻炒 50 g 低筋面粉。炒干之后加入 500 g 牛奶搅拌均匀，再加入适量盐和白胡椒搅拌 20 分钟左右。

1 制作可乐饼内馅。将牡蛎洗净后摆在盘子上，淋上日本酒，放在蒸笼上上锅蒸好。蒸汁稍后需要使用，先放置于一旁。

2 将 1 的牡蛎肉放进料理机中打碎，加入适当蒸汁使其呈浓稠流动状。

3 在 2 中加入市田柿和 80 g 白酱，并混合搅拌均匀。

4 制作番茄酱。将番茄罐头中的番茄过滤后，加入番茄汁、盐、浓口酱油调味，随后在火上稍加搅拌。将马铃薯淀粉加水化开，慢慢倒入，使其呈浓稠状。

5 将 3 捏成椭球状，一个 70 g，撒低筋面粉后过一下蛋液，再裹上面包糠，油温 180 ℃下锅炸，面衣熟透且食材内部炸熟即可。

6 将可乐饼摆盘，淋上热番茄酱即可。

牡蛎奶油可乐饼 雪椿

用煮牡蛎的牛奶来制作白酱，便可得到饱含牡蛎美味的浓郁内馅。

温度时间：150 ℃炸 3 分钟。
预想状态：油炸至内馅微热即可。配合奶油酱制作清脆面衣。

可乐饼内馅（容易制作的分量）
- 牡蛎肉…1 kg
- 橄榄油…适量
- 日本酒…30 mL
- 牛奶…1 L
- 盐、白胡椒…各适量
- 低筋面粉…150 g
- 黄油…150 g

低筋面粉、蛋液、新鲜面包糠、油

1 制作可乐饼内馅。用盐清洗牡蛎肉。用热水烫过之后再沥干。

2 将牡蛎肉大致切一下后加入橄榄油翻炒，淋上日本酒。此时加入牛奶，并注意控制火候不要让其沸腾，大约煮 20 分钟后便可出味。最后加入盐和白胡椒调味。

3 在锅中熔化黄油，加入低筋面粉翻炒，炒干之后加入 **2** 的食材加以搅拌，便可制作出带有牡蛎肉的白酱。

4 **3** 放凉后捏成牡蛎的形状，一个 50 g（注意在油炸的过程中保持牡蛎状），撒低筋面粉后过一下蛋液，再裹上新鲜面包糠，油温 150 ℃下锅炸。由于其内馅已经熟了，所以待内部微热即可出锅。

蛤蜊春甘蓝可乐饼 雪椿

将馅料塞进蛤蜊壳里炸制出的可乐饼。因为想让馅料里饱含蛤蜊的美味，所以尽管会稍微影响口感，也要花时间将蛤蜊蒸出汁来。

温度时间：150~170 ℃油炸 3 分钟。
预想状态：炸至清新爽口，面衣颜色不要过深。

可乐饼内馅（容易制作的分量）
- 蛤蜊（带壳）…1 kg
- 日本酒…600 mL
- 春甘蓝…半个
- 蛤蜊蒸汁 + 牛奶…共 500 g
- 盐、黑胡椒…各适量
- 无盐黄油…150 g
- 低筋面粉…150 g

低筋面粉、蛋液、新鲜面包糠、油

1 制作可乐饼内馅。将蛤蜊倒入锅中，加入大量日本酒，盖上锅盖小火蒸煮约 20 分钟。将蛤蜊肉取下并切成 1 cm 块状。蛤蜊壳洗净备用。

2 春甘蓝切片后上锅蒸，蒸熟后切成 1 cm 块状备用。

3 将蛤蜊蒸汁和牛奶一同倒入锅中加热，在即将沸腾前加入盐和黑胡椒调味。

4 重新起锅加入无盐黄油，待黄油熔化后加入 **1** 的蛤蜊肉和 **2** 的春甘蓝进行翻炒。随后加入低筋面粉，炒至无干粉的状态即可。此时慢慢加入 **3**，以制作白酱的要领，用木勺加以搅拌。随后装入密封容器里冷藏保存。

5 将 **4** 大量填入蛤蜊壳中，撒低筋面粉，过蛋液，再撒新鲜面包糠。

6 将有面包糠的那一面朝下，油温 170 ℃下锅炸。等到中间熟透、面衣酥脆即可起锅沥油。随后便可盛在盘子上端上桌。

春甘蓝樱花虾可乐饼 旬菜 小仓家

这是使用春天的食材、充满季节感的一道料理。要点在于内馅的材料要切大一些。

温度时间：170 ℃炸 5 分钟。
预想状态：因为柿种制作的米饼粉很容易炸焦，所以中温油炸即可。内馅的春甘蓝和鲜樱花虾则需要慢炸。

可乐饼内馅
- 新马铃薯…2 个
- 春甘蓝…1 个
- 鲜樱花虾…50 g
- 白芝麻油、浓口酱油、日本酒…各适量

低筋面粉、蛋液、米饼粉（参见第 19 页黑鲍鱼山药泥可乐饼）、油

1 制作可乐饼内馅。先将新马铃薯放在水中煮一煮，然后取出剥皮，切成大块。

2 将春甘蓝粗粗切碎后倒入锅中，加入白芝麻油翻炒。炒好后与鲜樱花虾一起拌入 **1** 的马铃薯块中，提前加入浓口酱油和日本酒调味，制成内馅。

3 将 **2** 的馅料捏成椭球形，一个 80 g，撒低筋面粉，过蛋液，再裹上米饼粉。

4 油温 170 ℃下锅，炸至酥脆即可。

黑豆可乐饼 雪椿

只使用煮至松软的黑豆制成的简单可乐饼。切开时黑色的内馅令人印象深刻。

> **温度时间：**150 ℃炸 3 分钟。
> **预想状态：**因为内馅已经熟了，所以炸至色泽诱人、口感酥脆即可。

可乐饼内馅
黑豆、盐
煮豆汤、味醂…各少量
低筋面粉、蛋液、新鲜面包糠、油

1 制作可乐饼内馅。首先将黑豆放在大量水中浸泡一晚再取出。将豆子连同水一起倒入锅中，加入盐后烹煮。如果水变少了就加水，直至豆子煮软。

2 只取出豆子（汤先置于一旁），放入料理机中打成糊状。此时慢慢加入少量煮豆子的汤和味醂，以调整浓稠度。

3 将**2**团成圆柱形，一个 40 g，撒低筋面粉，过蛋液，再裹上新鲜面包糠，油温 150 ℃下锅炸，炸至色泽诱人、中间温热即可出锅。沥油后装盘。

牛肝菌帆立贝奶油可乐饼 西麻布 大竹

牛肝菌和帆立贝的美味相辅相成，在此之上叠加白酱的浓郁美味。由于炸的时间太长易破裂，因此将内馅炸至温热即可。

> **温度时间：**160 ℃炸 4 分钟。
> **预想状态：**低温慢炸。内馅稍温即可。

可乐饼内馅（容易制作的分量）
干牛肝菌…25 g
帆立贝、调味酒*
洋葱（剁碎）…半个量
白酱（黄油 50 g、低筋面粉 45 g、牛奶 250 mL）
盐、淡口酱油…各适量
低筋面粉、蛋液、干面包糠、油

*在日本酒中加入少量盐制成。

1 制作可乐饼内馅。加水泡发干牛肝菌并切碎。在帆立贝上淋上调味酒，用烤网烤好后撕开。锅中下入少量色拉油（未在食谱分量内），加入洋葱翻炒。

2 制作白酱。锅中加热黄油，待熔化后慢慢加入少许低筋面粉翻炒，变干爽之后加入牛奶。中火翻拌 20 分钟左右，然后等量加入**1**的食材，用盐和淡口酱油调味。

3 待**2**放凉后，再捏成圆柱形，一个 60 g，撒低筋面粉，过蛋液，再裹上干面包糠。

4 油温 160 ℃下锅炸 4 分钟，炸至内馅稍温便可取出沥油。

小仓家可乐饼 旬菜 小仓家

以山药取代通常使用的马铃薯制成。重点是内馅的柔软程度。如果内馅过软的话，可以用适量的马铃薯淀粉调节。

> **温度时间：**开始 180 ℃，中途下降到 170 ℃，最后升至 180 ℃。共计 5 分钟。
> **预想状态：**最开始高温油炸以便加固面衣，随后降低油温慢炸。

可乐饼内馅（容易制作的分量）
碎鸡腿肉…500 g
洋葱（剁碎）…2 个量
山药（磨成泥）…2 根量
马铃薯淀粉…适量
鸡蛋…2 个
精制菜籽油、日本酒、浓口酱油
低筋面粉、蛋液、米饼粉（参见第 19 页黑鲍鱼山药泥可乐饼）、油

绿色沙拉、酱汁

1 制作可乐饼内馅。用精制菜籽油翻炒碎鸡腿肉，使用日本酒和浓口酱油调味。洋葱也快速翻炒一下。

2　将山药和**1**的碎肉、洋葱混合在一起加热。山药熟了之后就加入蛋液拌匀。如果内馅过软的话，可以加入适量的马铃薯淀粉进行调节。若柔软程度适中，便可隔水冷却。

3　将冷却后的内馅团成球形，一个 90 g，撒低筋面粉，过蛋液，再裹上米饼粉，油温 180 ℃下锅炸。

4　起锅装盘，搭配绿色沙拉和酱汁。

竹笋、青椒、胡萝卜炸肉饼

西麻布　大竹

在碎肉中混入竹笋和胡萝卜能够使口感更有层次。酱油汁里混入伍斯特酱也能促进食欲。

> **温度时间：175 ℃炸 3 分钟，最后油温升至 180 ℃。**
> **预想状态：肉微微变粉色便可提高油温，在沥油的时候利用余温使肉熟透。**

可乐饼内馅

- 碎和牛肉…50 g
- 竹笋（已洗净、切成 5 mm 丁）…10 g
- 青椒（切成 5 mm 丁）…10 g
- 胡萝卜（切成 5 mm 丁）…5 g
- 盐…少量

低筋面粉、蛋液、干面包糠、油

酱料汁（酱油汁*、伍斯特酱）

花椒嫩叶

*加热 250 mL 原始高汤，使用 50 mL 浓口酱油、30 mL 味醂进行调味。用水化开葛粉，慢慢加入锅中勾芡。

1　把和牛肉放在碗里揉捏。加入少量盐、竹笋、青椒和胡萝卜混合在一起。

2　捏成椭球形后撒低筋面粉，过蛋液，再裹上干面包糠，油温 175 ℃下锅炸。在快要炸好之前取出，利用余温使其熟透。

3　制作酱料汁。在热酱油汁里加入少量伍斯特酱，便可制成酱料汁。

4　把炸肉饼装盘，在盘子周围倒些酱料汁，撒些切碎的花椒嫩叶。

蜂斗菜可乐饼

旬菜　小仓家

将内馅填到蜂斗菜花萼中油炸，制成一口大小的可乐饼。内馅里放入切碎的花蕾，带来一种春天的味道。

> **温度时间：160 ℃炸 5 分钟。**
> **预想状态：低温慢炸。若使用高温油炸则会使花萼脱落。**

蜂斗菜花　10 个

可乐饼内馅（容易制作的分量→用料同第 22 页小仓家可乐饼）

花椒味噌*

低筋面粉、蛋液、干面包糠（细小颗粒款）、油

*樱花味噌 1 kg，砂糖 200 g，花椒果**200 g，切碎的大葱 2 根，切碎的生姜 20 g，将以上食材全部混合在一起小火熬制 20 分钟。

**将青花椒果实反复煮三次使其软化，随后用水冲洗去除涩味，冷冻保存。

1　分离蜂斗菜的花蕾和花萼。将花蕾切碎并置于水中去除其涩味。

2　将**1**的花蕾混入可乐饼内馅中。取出 20 g，加入少量花椒味噌并捏成圆形。

3　撒低筋面粉，过蛋液，再裹上干面包糠，填入**1**的蜂斗菜花萼中，捏回蜂斗菜的形状。

4　油温 160 ℃下锅慢炸 3 分钟。取出后沥油装盘。

炸肉饼

雪椿

为了吃到原汁原味的炸肉饼，内馅需要好好调味。油脂较少的碎肉高温炸的时候容易散开，因此选择中温慢炸并利用余温加热。

> **温度时间：150 ℃炸 5 分钟。**
> **预想状态：中温慢炸，最后利用余温使内馅熟透。**

炸肉饼内馅（容易制作的分量）

- 碎猪肉…500 g
- 鸡蛋…1 个
- 洋葱（切碎）…中等大小（1 个量）
- 橄榄油
- 盐、胡椒

低筋面粉、蛋液、新鲜面包糠、油

盐、黄芥末

1 制作炸肉饼内馅。先用橄榄油翻炒洋葱，随后放凉。将油脂较少的碎猪肉、蛋液、炒过后的洋葱混合在一起，揉拌到黏稠为止，加入盐、胡椒增香。

2 将馅料捏成橄榄形，一个 90 g，撒低筋面粉，过蛋液，再裹上新鲜面包糠，油温 150 ℃下锅炸。

3 为了不把表面炸焦，并且要让内馅中的肉熟透，所以需要慢慢炸。起锅沥油，搭配盐和黄芥末便可上桌。

丹波乌鸡可乐饼和烤鸡 楮山

将一整只鸡做成可乐饼和烤鸡，并搭配在一起。套餐中的主菜常常会做成西式风格。烤鸡的分量大约是 8 人量。

温度时间：可乐饼 170 ℃炸 3 分钟。
酢浆草 170 ℃炸 2~3 分钟。
预想状态：可乐饼内馅必须好好炸熟。酢浆草注意不要炸焦。

可乐饼内馅（容易制作的分量）

- 碎鸡腿肉…200 g
- 盐…6 g
- 鸡蛋…半个
- 切碎的香草（莳萝、细叶香芹、龙蒿）

低筋面粉、蛋液、干面包糠（细小颗粒款）、油

烤鸡

- 鸡腿肉、盐、胡椒
- 鸡胸肉（带骨）
- 色拉油、大蒜（切薄片）

鸡汤酱 *

胡萝卜酱 **

酢浆草、油

煸炒豌豆

*将 6 kg 鸡架剁碎后放入烤箱中，温度 200 ℃烘烤。另起一锅加入切好的西芹、胡萝卜和洋葱，共计 3 kg，随后加入色拉油翻炒，上色之后加入 200 g 番茄酱继续翻炒。放入烤好的鸡架之后，加入 30 L 水后煮至沸腾。水开之后转小火煮 8 小时左右。将残渣过滤之后继续煮，煮到汤汁剩下 1/3 为止（A）。此外再煮一锅玛莎拉酒，然后加入白酒继续煮，随后加入 A 中作为酱料。

**起锅放入色拉油，加入切碎的半个洋葱翻炒。水分炒干后加入 300 g 切成 3 mm 大小的胡萝卜丁继续翻炒，一直炒到水分完全蒸发。倒入牛奶没过食材，随后加入 100 mL 鲜奶油、盐和砂糖调味，放入搅拌机打碎。

1 制作可乐饼内馅。将碎鸡腿肉剁成肉糜，加入盐、蛋液、香草翻拌均匀，排出空气。

2 将 **1** 分成 40 g 一份，撒低筋面粉，过蛋液，再裹上干面包糠，油温 170 ℃下锅炸。

3 将酢浆草下入 170 ℃油锅中素炸 2 ~ 3 分钟。

4 制作烤鸡。鸡腿肉去骨，夹入切成薄片的大蒜，淋上少量色拉油后放入真空袋中，抽真空放置一天。

5 拿出鸡腿肉，撒上盐和胡椒后，表皮向上放在烤网上，烤箱 200 ℃烤 2 分钟，取出之后静置 10 分钟。重复以上步骤 8 次，鸡肉便可达九成熟。

6 在鸡胸肉上淋上少量色拉油，随后在其表面贴上大蒜。用锡纸包住骨头一侧，放入真空袋中，抽真空放置一天。

7 将鸡胸肉连同真空袋一起放入锅中，加水后小火温煮。保持在 52 ℃以下煮 1 小时 30 分钟。取出后去骨。

8 将 **5** 的鸡腿肉和 **7** 的鸡胸肉撒上盐、胡椒后，用平底锅煎好其表皮。

9 将鸡汤酱倒入器皿中，放上可乐饼和切成薄片的烤鸡。加入胡萝卜酱、炸好的酢浆草、新鲜的酢浆草和煸炒好的豌豆。

第一章

鱼贝类

油炸料理

红烧大泷六线鱼

久丹

这道菜品使用大泷六线鱼的鱼杂做成甜味酱汁，并淋在油炸鱼块上。下锅油炸前在鱼块上多划几刀，既可使口感外酥里嫩，也能确保炸熟。

温度时间：160 ℃炸 3 分钟，最后油温升至 180 ℃。
预想状态：中间绵软，表皮酥脆。

大泷六线鱼…1 块（35 g）
低筋面粉、米饼粉*、油
盐
酱汁（日本酒 1：水 1，味醂、砂糖、浓口酱油、溜酱油各适量，大泷六线鱼的鱼杂）
绿芦笋、柚子皮

*将味道较淡的米饼磨成粉末制成。

1 准备酱汁。将等量日本酒和水混合后，加入味醂、砂糖、浓口酱油、溜酱油稍稍调味，随后煮沸。沸腾后加入鱼杂继续煮 5 分钟，煮出其香味。之后静置冷却过滤。

2 将大泷六线鱼三枚切后去皮。仔细拔除鱼刺，改刀成 35 g 一块，随后在鱼块上深划 3 刀。

3 将 **2** 的鱼片撒低筋面粉后稍微喷点水，然后挂上薄薄一层米饼粉，油温 160 ℃下锅炸，炸至鱼块鼓胀起来表示已熟，再将油温升至 180 ℃，将表层炸至酥脆起锅。随后撒上一层盐。

4 加热 **1** 的酱汁，将绿芦笋切成适口大小后与酱汁一起加热。

5 将炸鱼块装盘，摆上芦笋。然后淋上 **4** 的酱汁，以柚子皮丝点缀。

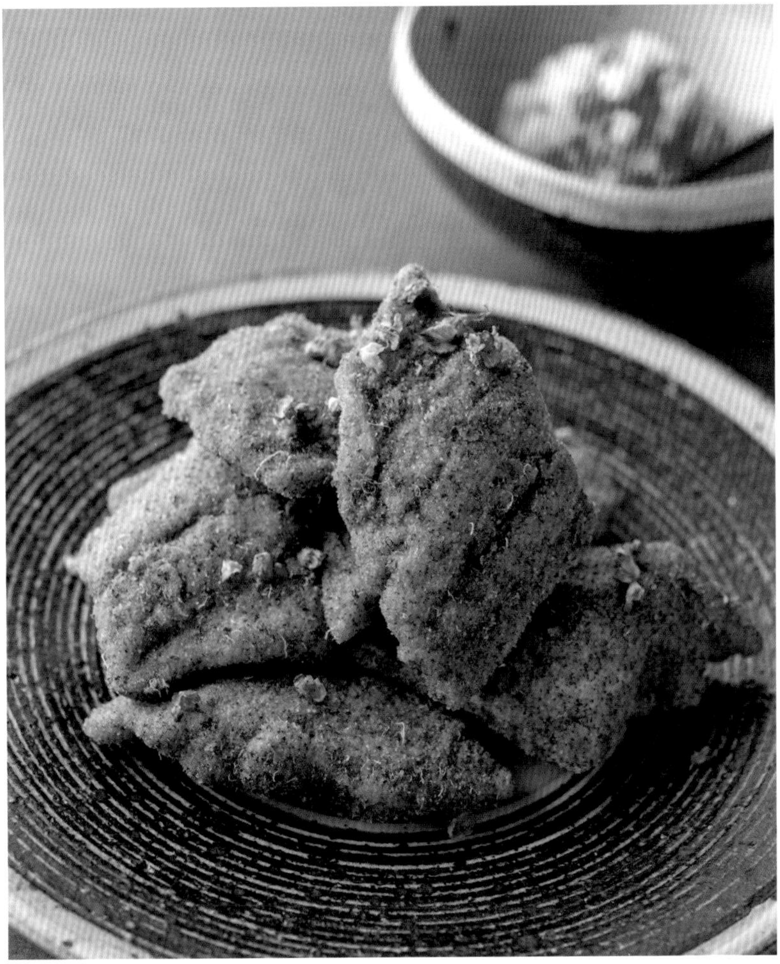

面包糠炸竹筴鱼紫苏

楮山

只用蔬菜的甘甜、柠檬汁的酸爽和盐的咸味来为竹筴鱼调味，吃起来会很清爽。这是一道有着南蛮腌渍风味的夏季油炸料理。

温度时间：180 ℃炸 3 分钟。
预想状态：将竹筴鱼肉炸得松软。

竹筴鱼、盐、胡椒
低筋面粉、蛋液、紫苏面包糠*、油
蔬菜酱汁
……小黄瓜、番茄、洋葱
……盐、柠檬汁
紫苏花穗

*将干面包糠和煮过的青紫苏叶放在搅拌机里打碎，铺开晾干。

1 将竹筴鱼三枚切。把一片鱼身片切成两半，撒上盐和胡椒。

2 撒低筋面粉，过蛋液，再裹上紫苏面包糠，油温 180 ℃下锅炸，炸至鱼肉松软。注意多次翻面，避免紫苏叶变色、掉色。

3 准备蔬菜酱汁。先将番茄用热水烫一下去皮，随后和小黄瓜、洋葱一起剁碎，加入盐和柠檬汁调味。

4 将竹筴鱼装盘，撕碎紫苏花穗并撒在鱼上。另外附上蔬菜酱汁。

马头鱼南蛮烧九条葱

莲

因为最后还有一道煮马头鱼的步骤，所以在炸的时候需要将面衣炸得硬一些，以保留口感。

温度时间：170 ℃炸 4 分钟。
预想状态：如同蒸马头鱼一般，使鱼肉膨胀起来。面衣要炸得硬一点。

马头鱼、盐
马铃薯淀粉、油
南蛮酱汁（容易制作的分量）
 高汤…250 mL
 淡口酱油…30 mL
 味醂…5 mL
 醋…20 mL
 砂糖…20 g
 红辣椒…少量
九条葱（斜切）

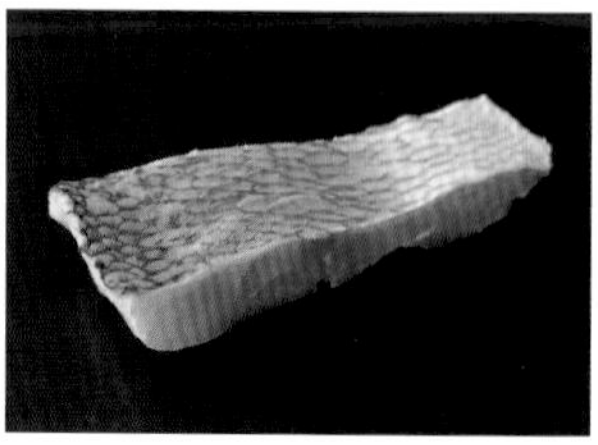

1 将马头鱼切成 40 g 大小的鱼块，抹上薄薄一层盐之后静置 1 小时，使其脱水。

2 以用手紧握的方式将马铃薯淀粉牢牢黏附在马头鱼上，油温 170 ℃下锅炸，炸至表皮酥脆、中间柔软的状态为佳。

3 起锅沥油后趁热放入南蛮酱汁中煮 30 秒，最后放入九条葱。

4 盛出马头鱼和九条葱装盘，淋上南蛮酱汁。

炸马头鱼鳞

西麻布 大竹

这道菜并非单纯淋上热油使鱼鳞立起来，而是将马头鱼鳞作为面衣而做成的马头鱼油炸物。鱼鳞要用高温炸两次。

温度时间：鱼鳞 180 ℃炸两次。马头鱼 170 ℃炸 3 分钟。
预想状态：为了使鱼鳞面衣达到酥脆的口感，需要将其完全脱水。
马头鱼要彻底炸熟。

马头鱼、盐
低筋面粉、
面糊（蛋清 1 个、
　马铃薯淀粉 10 g）
马头鱼鱼鳞
油
酢橘

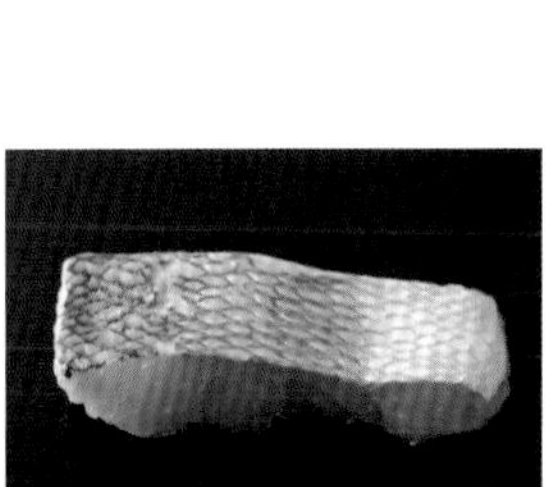

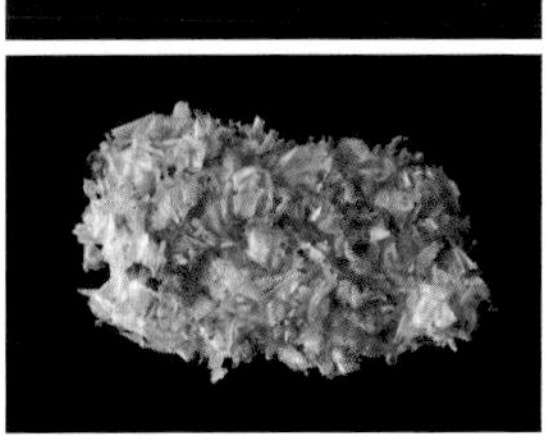

1 将刮下来的马头鱼鳞擦干，油温 180 ℃下锅炸，去除水分。为了不使其炸焦，起锅沥油之后，再次以 180 ℃油温炸至酥脆。随后放在厨房纸上沥油，常温放凉。

2 马头鱼三枚切后，轻轻抹上一层盐放置 10 分钟。随后切成约 4 cm 宽的鱼块。

3 准备面糊。将蛋清打发至八成左右，加入马铃薯淀粉混合均匀。

4 用刷子将低筋面粉刷在鱼块上，涂上**3**的面糊后裹上**1**的鱼鳞，油温 170 ℃炸 3 分钟。注意不要将鱼鳞炸焦，并且马头鱼要完全炸熟。

5 起锅沥油，搭配酢橘上桌。

炸烤马头鱼鳞

楮山

马头鱼细小的鳞一般会被刮除，但本道料理却将其原封不动保留。油炸之后再放入烤箱中烘烤沥油，烘烤时采取从鱼肉面进行加热的制作方法。

温度时间：180 ℃油炸 4 分钟，随后放入 200 ℃烤箱中烘烤 3 分钟。

预想状态：在鱼肉发出噼里啪啦声音的高温状态下，让鱼鳞中的水分在短时间内挥发，以得到酥脆的口感。

马头鱼、盐

油

糖渍苹果

　苹果

　……糖浆（酢橘果汁 10：生姜汁 2：砂糖 3~4）

1　将马头鱼带鳞三枚切后切成 60 g 大小的鱼块，并撒上盐。在平底锅中倒入足以没过鱼鳞的油，开火加热。

2　油热后（大约快冒烟的样子），鱼鳞面朝下下入油锅。以能发出噼里啪啦声响的温度为佳。炸 3 ~ 4 分钟后，鱼鳞面就会立起来。

3　起锅后，将鱼鳞面朝上，鱼肉面朝下，放入 200 ℃烤箱中烘烤 3 分钟沥油，以此来让鱼肉熟透。

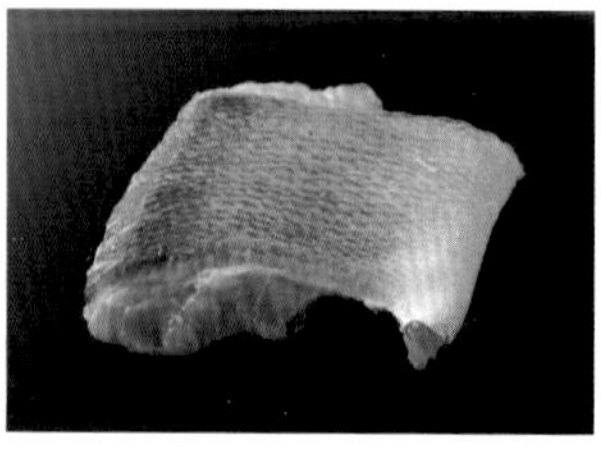

4　制作糖渍苹果。将带皮苹果平均切成 8 份。把苹果和糖浆一同放入真空袋中，抽真空放置一天。

5　把油炸过后的马头鱼装盘，再将糖渍苹果切成适口大小，随后一起摆盘。

香鱼牛蒡卷

楮山

用鱼片夹住豆腐做成的馅料，再用牛蒡卷起来。香鱼和豆腐馅料口感绵软，可以一起享用。牛蒡炸过之后，其香味能够更上一层楼。

温度时间：香鱼牛蒡卷 170 ℃炸 3 分钟。牛蒡 170 ℃炸 5 分钟。

预想状态：使牛蒡脱水而达到酥脆口感。

香鱼

豆腐馅料（容易制作的分量）

- 木棉豆腐…1 块
- 芝麻糊…1 大勺
- 砂糖…3 大勺
- 淡口酱油…5 mL
- 盐…1 小勺

木耳（切丝）…50 g

牛蒡

油

豆瓣菜

1 用削皮刀将牛蒡削成薄薄的细长条，然后用水淘洗。

2 制作豆腐馅料。挤压木棉豆腐沥水，放入料理机中与其他材料一起打碎。等到其状态变得顺滑时，加入切成丝的木耳搅拌均匀。

3 将香鱼三枚切，用鱼片夹住 10 g 2 的馅料，再用 1 的牛蒡卷起来。

4 剩下的牛蒡用厨房纸擦干静置。

5 将油加热至 170 ℃，下入 3 的香鱼牛蒡卷炸 3 分钟左右后起锅沥油。

6 油温 170 ℃下入 4 的牛蒡炸 5 分钟，直至水分完全炸干后呈现棕色便可取出。随后趁热整形。

7 将 6 的牛蒡装盘，在此之上摆放 5 的牛蒡卷，最后撒上豆瓣菜。

香鱼仔鱼香草芽苗沙拉

Mametan

使用略带苦味的香鱼仔鱼和香辣可口的香草芽苗，制作出这一道适合初夏食用的清爽沙拉。

> 温度时间：180 ℃炸 30 秒。
> **预想状态：不要将香鱼仔鱼炸得太老，需要保留松软的口感。**

香鱼仔鱼
低筋面粉、面糊（低筋面粉、蛋黄、水）、油
花椒粉
香草芽苗（苋菜、四川花椒菜*）
酱汁（浓口酱油 1：味醂 1，柚子胡椒少量）
*是一种与花椒相似、口感麻辣的香草芽苗。

1 香鱼仔鱼洗净后擦干。撒上低筋面粉并过一遍面糊，油温 180 ℃下锅炸，随后起锅沥油并撒上花椒粉。因为香鱼仔鱼非常软，所以可以连头一起吃。
2 取等比例的浓口酱油和味醂，放在一起下锅煮，加入少量柚子胡椒制作成酱汁。
3 直接将香鱼仔鱼和香草芽苗摆放在器皿中做成沙拉。
4 淋上酱汁。

香鱼仔鱼面

莲

在客人面前，将刚刚炸好的香鱼仔鱼天妇罗放在冷面上，使客人体验二者的温度差异。这是特别适合日本割烹料理的菜式。

温度时间：油温 170 ℃时下锅，待油温升至 180 ℃后炸 2 分 30 秒。
预想状态：不必炸得松软，炸至稍稍脱水、口感酥脆便可。

香鱼仔鱼（活的）…3 条
低筋面粉、薄面糊（低筋面粉 3：玉米淀粉 1：碳酸水 1.5）、油
半田面条
面条用高汤（高汤 300 mL、淡口酱油 30 mL、味醂 10 mL、提香鲣鱼）
佐料（蘘荷末、小葱葱花、生姜末各适量）

1 准备面条用高汤。将材料中的调味料放在一起加热，沸腾后加入提香鲣鱼并关火。过滤后冷却。

2 沸水下半田面条煮 2 分钟，随后捞出用水冲洗，然后过一下冷的面条用高汤。在碗中放入半田面条，加入面条用高汤。

3 擦干香鱼仔鱼的水分后撒低筋面粉，过薄面糊，油温 170 ℃慢炸。直到油温上升至 180 ℃后再炸 2 分 30 秒左右，炸至香鱼蒸发一定水分之后保有酥脆口感即可。

4 油温上升至 180 ℃，油变清澈之后再起锅。如果使用的是鲜活的香鱼，那么就能把鱼炸成活力十足的样子。

5 把热气腾腾的香鱼仔鱼放入 2 的面条里，撒上佐料即可上桌。

鲍鱼芝麻豆腐 配鲍鱼肝羹

西麻布 大竹

加了鲍鱼肉泥的芝麻豆腐，只裹了一层薄薄的面衣，炸的时候控制时间，不要将它炸变色。搭配鲍鱼肝羹，鲜美又清爽。

温度时间：170 ℃炸 3 分钟。
预想状态：表面酥脆，内馅嫩滑。

鲍鱼芝麻豆腐（容易制作的分量）
鲍鱼…鲍鱼肉 100 g
白芝麻…100 g
昆布高汤…600 mL
葛粉…150 g
盐…少量
砂糖…少量

葛粉、油

鲍鱼肝羹（鲍鱼肝、第一道高汤、浓口酱油、葛粉）
绿芦笋、白芦笋
辣椒粉

1 制作鲍鱼芝麻豆腐。鲍鱼连壳一起上锅蒸 3 小时左右，然后将鲍鱼肝和鲍鱼肉分开。将鲍鱼肉和昆布高汤一起用搅拌机打碎。

2 将白芝麻打成泥状，与1的鲍鱼肉泥混合在一起。随后放入锅中，加入葛粉并用中火搅拌。加入盐调味后再加少许砂糖，直到变顺滑后倒入模具中冷却定型。

3 将2分成 40 g 一份，撒上葛粉之后油温 170 ℃下锅炸，尽可能不让其变色，炸 3 分钟左右便可捞出沥油。

4 准备鲍鱼肝羹。将1的鲍鱼肝碾碎过滤后，用第一道高汤（一番出汁）化开并加热，加入浓口酱油调味。然后加入葛粉水以增加其浓稠度。

5 将鲍鱼肝羹倒在盘子里并放上鲍鱼芝麻豆腐，再放上焯过水后切成斜片的绿芦笋和白芦笋。最后撒上辣椒粉。

炸鲛鱇鱼 配鲛鱇鱼肝酱

旬菜 小仓家

炸鲛鱇鱼搭配鲛鱇鱼肝酱。根据鲛鱇鱼的部位来改变油炸方法，就能够展现出不同的风味。

温度时间：鱼肉 180 ℃炸 2 分钟。鱼鳃 180 ℃炸 10 分钟。

预想状态：鲛鱇鱼肉水分充足，因此为了保持其多汁的口感，要用余温使其熟透。鱼鳃则需要花费时间油炸，以去除水分，使得口感酥脆（类似于油炸虾头）。

鲛鱇鱼肉和鱼鳃、盐

马铃薯淀粉、油

鲛鱇鱼肝酱（容易制作的分量）

鲛鱇鱼肝…500 g

卤汁（高汤 9：浓口酱油 1：日本酒 1：味醂 1）

1 将鲛鱇鱼片好后切成 40 g 大小的鱼块。把鱼鳃洗至白色。用盐腌制鱼肉和鱼鳃 30 分钟左右，渍出水。

2 准备鲛鱇鱼肝酱。去除鱼肝上的粗血管，加入少量盐（未在食谱分量内）腌制 30 分钟左右，去除涩味。

3 将 2 的鱼肝洗净后，放在日本酒（未在食谱分量内）中浸泡 30 分钟。将卤汁的材料混在一起加热。沸腾之后加入鱼肝，保持温度在 80 ℃煮 1 小时。直接静置冷却，随后用料理机打成泥状当作酱料。

4 鱼肉和鱼鳃撒上马铃薯淀粉后，油温 180 ℃下锅炸。先捞出鱼肉以保持其丰富多汁的口感，鱼鳃则需要再炸一会儿，以使其口感酥脆。

5 将 4 的鱼肉和鱼鳃装盘，并加入 3 的酱料。最后放上鲛鱇鱼的牙齿作装饰。

乌贼须天妇罗 配生姜羹

久丹

乌贼熟了之后容易变硬，而乌贼须的特征则是不易变硬。生姜和乌贼类十分相配，因此多加一点在热腾腾的羹里便会风味十足。

温度时间：180 ℃炸 2 分钟。
预想状态：用天妇罗面衣包裹住，将乌贼须炸至松软。

乌贼须（切大块）
低筋面粉、天妇罗面糊（低筋面粉、水）、油
生姜羹
……高汤 10：淡口酱油 1：味醂 1
生姜泥
葛粉
虾夷葱（切葱花）

1 将乌贼须撒上低筋面粉后，再裹上天妇罗面糊，油温 180 ℃下锅炸。使用高温炸制能保持乌贼须的松软口感。

2 制作生姜羹。将高汤、淡口酱油、味醂和生姜泥放在一起上锅加热，沸腾之后慢慢加入葛粉水增加其浓稠度。

3 将乌贼须天妇罗装盘，淋上生姜羹。最后撒上虾夷葱。

炸鱼酱腌乌贼须

雪椿

用乌贼做的鱼酱来腌制乌贼须，然后油炸，完美绝配。需要注意长时间腌制会导致乌贼须味道过重。

> 温度时间：150~160 ℃炸 2 分钟。
> 预想状态：为了保持乌贼须酥脆的口感和香味，需要适当去除水分。

乌贼须
卤汁（鱼酱 30 mL、味醂 30 mL、日本酒 15 mL）
马铃薯淀粉、油

1 将全部乌贼须放在卤汁中浸泡 30 分钟。如果浸泡 1 小时的话，味道则会过重。

2 擦除水分，以用手紧握的方式将马铃薯淀粉牢牢黏附在乌贼须上，下入油温 150~160 ℃的锅中炸至酥脆。

3 起锅沥油并装盘。

萝卜泥伊势龙虾

莲

油炸带壳的伊势龙虾，让焦香味转移到肉上。为了避免影响龙虾的口感，在萝卜泥中加入昆布，使其口感温醇。

温度时间：170 ℃炸 1 分钟。

预想状态：裹上面衣以防虾壳被炸焦，激发虾壳的香气。

在余温能让虾肉熟透的时候起锅。

伊势龙虾

低筋面粉、面糊（低筋面粉 3：玉米淀粉 1：碳酸水 1.5）、油

羹（容易制作的分量）

高汤…300 mL

淡口酱油…40 mL

味醂…20 mL

葛粉…适量

萝卜泥*

*将萝卜磨成泥，稍稍沥水之后加入高汤，放入增香用的昆布后放置半天。

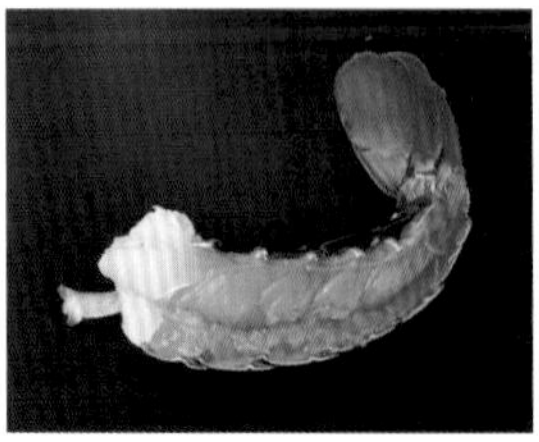

1 将伊势龙虾去头去脚后擦干。撒上低筋面粉，再裹上面糊，油温 170 ℃下锅炸 1 分钟。

2 起锅后利用余温使内部虾肉变熟。去壳并把虾肉切成易食用的大小，与炸过的壳一起装盘。

3 制作羹。在高汤中加入淡口酱油和味醂加热，慢慢加入葛粉水增加浓稠度。将沥干的萝卜泥放入羹中一起加热。

4 将 3 淋在 2 上即可上桌。

炸银杏年糕虾

Waketokuyama

虾所呈现的亮丽的红与银杏饼的黄形成鲜明对比，非常赏心悦目。筋道的银杏饼和酥脆的面衣带来不同的口感。

温度时间：170 ℃炸 1 分至 1 分 30 秒，最后油温升至 180 ℃。
预想状态：将银杏饼完全做熟。

虾、低筋面粉

银杏饼

- 银杏泥 *…30 g
- 糯米粉…30 g
- 水…10 mL
- 盐…少量

低筋面粉、天妇罗面糊（低筋面粉 50 g、鸡蛋半个、水 100 mL）、油

盐

*将银杏壳与果皮剥掉之后直接用滤网压碎过滤而成。

1 虾去头去虾线，将壳剥掉。以浓度 1% 的盐水（不在食谱分量内）清洗之后擦干，从腹部剖开。

2 制作银杏饼。将银杏泥、糯米粉加水搅拌，加入少许盐调味。

3 用刷子蘸取低筋面粉刷在 **1** 的虾内侧，随后再用虾夹住银杏饼。

4 将 **3** 的食材撒低筋面粉，再裹上天妇罗面糊，油温 170 ℃下锅炸。待其膨胀漂浮起来之后，将油温升至 180 ℃后取出沥油，随后撒上盐即可。

炸青虾竹笋虾夷葱嫩芽

Mametan

虾夷葱的嫩芽在日本东北地区北部被称作『Hirokko（ひろっこ）』。这是1月左右新出的食材，将其沾上天妇罗面糊进行油炸，可以激发葱的焦香味。

→做法详见第42页

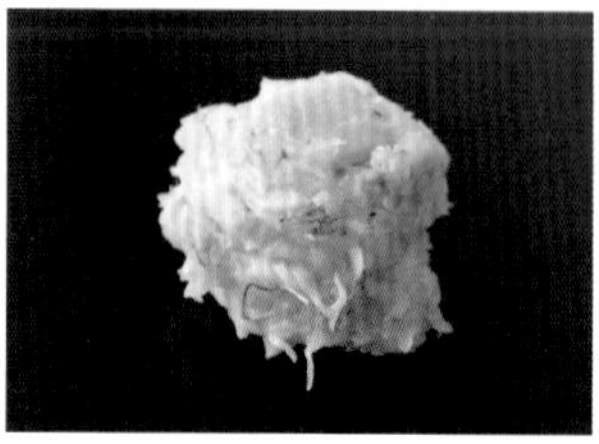

白虾海胆油炸紫菜卷

根津竹本

为了激发出白虾和海胆的甘甜味，最好将食材做熟透。由于油炸起锅放置一段时间后便会返潮，所以炸完必须立即上桌。

→做法详见第42页

竹节虾真丈汤品

西麻布 大竹

将竹节虾切得块大些，与制作真丈的其他材料混在一起，可以增添筋道的口感。虽然汤品料理中的食材通常采用烹煮的方式进行制作，但是采用油炸的方式口感会更佳，并且能够让汤更加浓郁。

→做法详见第 43 页

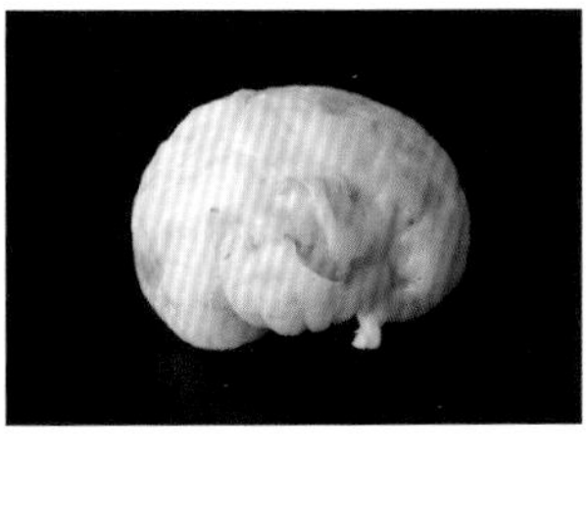

炸青虾竹笋虾夷葱嫩芽

Mametan

温度时间：170 ℃炸 1 分 30 秒→余温加热 1 分钟→170 ℃炸 1 分 30 秒→余温加热 1 分钟。共计 5 分钟。

预想状态：使用中火油炸，油炸过程中多次取出，利用余温让食材中心熟透。

青虾、白鱼肉泥少量
竹笋（去涩，切小块）
生姜（剁碎）
低筋面粉、天妇罗面糊（低筋面粉、蛋黄、水）、虾夷葱嫩芽
油

高汤酱油、花椒嫩叶

1 青虾去头剥壳，挑出虾线。用刀剁碎。将竹笋、生姜、白鱼肉泥与剁碎的虾肉混合。

2 将 1 分成 25 g 一份并团成球，撒上低筋面粉并过天妇罗面糊。沾上虾夷葱嫩芽后，油温 170 ℃下锅炸 1 分 30 秒左右。

3 起锅后利用余温再加热 1 分钟。然后再次放入 170 ℃油温的锅中炸 1 分 30 秒。取出后再次利用余温加热 1 分钟左右。

4 将煮过的竹笋壳取出来，烤一烤其切口面以激发香味，用来盛装 3 的食材。随后淋上高汤酱油，撒上花椒嫩叶。

白虾海胆油炸紫菜卷

根津竹本

温度时间：170 ℃炸 5 分钟，最后稍稍提高温度。

预想状态：中间的白虾和海胆完全熟透。不要保持半生不熟的状态，需要让其完全熟透，以便食客们品尝到筋道的口感。

白虾
海胆
海苔（4 cm×8 cm）
天妇罗面糊（低筋面粉、鸡蛋、水）、油

盐、七味辣椒粉

1 将海胆放在海苔上，然后放上约 15 只白虾。可以稍稍喷点水，以便卷海苔。

2 抓住海苔卷起来，随后裹上天妇罗面糊，油温 170 ℃下锅炸。保持 170 ℃炸 5 分钟，最后稍稍提高油温炸制后起锅。

3 撒上盐后立刻上桌。最后撒上七味辣椒粉。

竹节虾真丈汤品

西麻布 大竹

温度时间：175 ℃炸 2 分钟。
预想状态：表面呈金黄色。

竹节虾真丈
……竹节虾…2 只
……白鱼肉泥…100 g
……水、小麦淀粉、磨成泥的大和芋…各少量
油
汤底（第一道高汤、盐、淡口酱油）
土当归（九眼独活）、荷兰豆、玉米笋
酱汁（高汤 50 mL、盐 2 g、淡口酱油和味醂各少量）
花柚子的花蕾

1 制作竹节虾真丈。竹节虾去头并切成长 1.5 cm 大小。将水、小麦淀粉、磨碎的大和芋加入白鱼肉泥中搅拌均匀，然后加入竹节虾。

2 将玉米笋、土当归、荷兰豆快速焯一下，随后将玉米笋和土当归浸泡在酱汁中，荷兰豆则浸泡在淡盐水（未在食谱分量内）中。

3 将 1 团成球状，油温 175 ℃下锅炸 2 分钟左右，随后捞出沥油。炸至表面微微金黄、口感酥脆即可。

4 将 3 放入碗中，倒入热腾腾的汤底，放入土当归、荷兰豆和玉米笋，并撒上花柚子的花蕾。

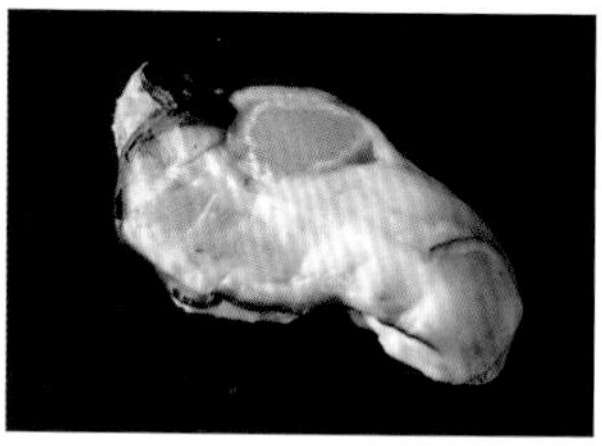

炸香煎牡蛎

Waketokuyama

使用脱水垫去除牡蛎水分，浓缩香味再油炸。将咸味煎饼碾碎当作面衣，使其炸得更加香酥。

→做法详见第46页

炸牡蛎　四万十海苔紫菜面衣

Mametan

选择较为肥美的牡蛎，使用能够强调四万十海苔香味的面衣来包裹牡蛎，高温快速油炸。散落在锅里的面衣捞起来撒在牡蛎上更可以增添其华丽的美感。就算只有面衣，也能成为一道非常美味的下酒菜。

→做法详见第46页

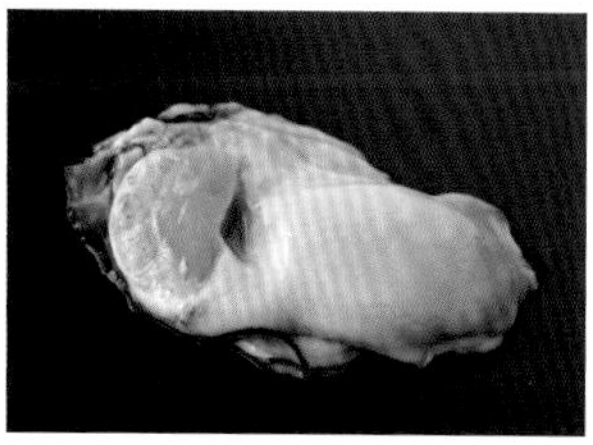

炸牡蛎青海苔、莲藕

旬菜 小仓家

虽然牡蛎不易熟，但重点还是要将莲藕切成厚片，展现其温软的口感。

→做法详见第 47 页

炸牡蛎汤品

西麻布 大竹

油炸已熟的牡蛎，然后浇上高汤。面衣的颜色不宜炸得过深，这样口感会比较好。炸牡蛎给搭配的高汤也增添了油脂的浓郁感。

→做法详见第 47 页

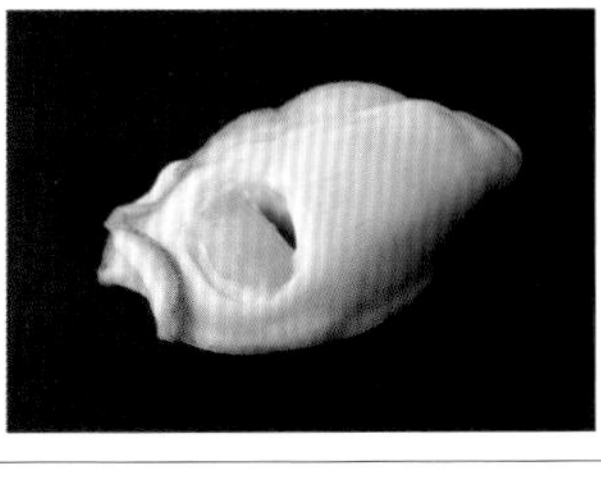

炸香煎牡蛎

Waketokuyama

温度时间：170 ℃炸 2 分钟。

预想状态：低温油炸，炸至牡蛎完全熟透。

牡蛎肉

盐水（盐分浓度 1%）

低筋面粉、蛋清、咸味煎饼、油

酢橘

1 用盐水清洗牡蛎后擦干，随后将牡蛎夹在脱水垫中 2~3 分钟去除水分，凝聚香味。

2 用擀面杖将放在塑料袋里的咸味煎饼敲打碾碎。也可以用料理机打碎。

3 将牡蛎沾满低筋面粉，拍打掉余粉，再过一下搅匀后的蛋清。撒上 **2** 的煎饼碎后，油温 170 ℃下锅炸至熟透。起锅沥油，放上酢橘。无须再撒盐，有煎饼碎带的咸味即可。

炸牡蛎 四万十海苔紫菜面衣

Mametan

温度时间：185 ℃炸几十秒。

预想状态：用较稠的面衣包裹住水分含量高的牡蛎，高温快速油炸，以防牡蛎缩水，用余温让其熟透。

牡蛎、盐

低筋面粉、紫菜面衣（四万十海苔、低筋面粉、蛋黄、水）

油

卡马格海盐

1 牡蛎去壳后用盐搓洗，擦干后裹上低筋面粉和紫菜面衣。紫菜面衣是将干燥的四万十海苔混入较稠的天妇罗面糊中制作而成。因为牡蛎水分含量较高，所以面糊浓稠一点为佳。

2 油温 185 ℃下锅炸 **1**，待到面衣固定后即取出。牡蛎水分含量较高，要在其尚未缩水之前使用大火油炸，炸至酥脆取出，用余温让牡蛎完全熟透。

3 将散落在锅中的紫菜面衣捞起沥油，放在炸牡蛎上，撒上卡马格海盐。

炸牡蛎青海苔、莲藕

旬菜 小仓家

温度时间：160 ℃炸 3 分 30 秒，最后油温升至 180 ℃。
预想状态：一开始需要固定好馅料面，以防炸焦。莲藕炸至松软，最后将馅料炸至酥脆。

莲藕（切成 5 mm 厚的片）
馅料（牡蛎肉、青海苔、滚刀切小块的莲藕）
鸭儿芹（大致切一下）
低筋面粉、蛋液、天妇罗面糊（低筋面粉、蛋黄、水）、油

1 制作内馅。将牡蛎快速过水清洗并擦干，用刀切碎并和青海苔混合均匀。将切成小块的莲藕也拍碎混入。取 20 g 放在莲藕厚片上，撒上鸭儿芹。

2 用刷子给内馅刷上低筋面粉，涂上蛋液和天妇罗面糊，内馅朝下（莲藕厚片朝上），油温 160 ℃下锅炸。

3 待内馅固定后便可翻面炸莲藕。提高油温，再翻回去炸内馅，直至内馅酥脆。

4 照片上的装盘方式是呈现断面的方式，也可以切成易食用的大小，摆成莲藕的形状上桌。

炸牡蛎汤品

西麻布 大竹

温度时间：175 ℃炸 4 分钟。
预想状态：牡蛎表面适当脱水，炸至酥脆。

去壳牡蛎…2 个
盐、马铃薯淀粉、油
搭配用高汤（第一道高汤 300 mL、淡口酱油 30 mL、浓口酱油 30 mL、味醂 20 mL）
萝卜泥、青紫苏嫩叶、辣椒丝

1 将牡蛎肉擦干后抹上少量盐，以用手紧握的方式使马铃薯淀粉牢牢黏附在牡蛎上，油温 175 ℃下锅炸。炸至酥脆。

2 准备搭配用高汤。将所有材料放在一起煮开。

3 牡蛎装盘，浇上适量热腾腾的高汤，放上萝卜泥，撒上青紫苏嫩叶和辣椒丝。

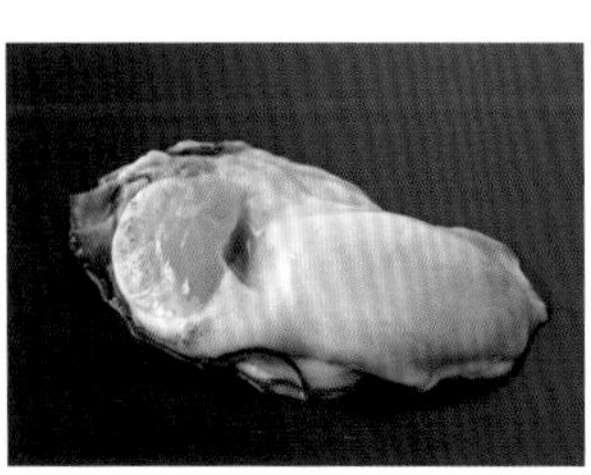

牡蛎饭

Mametan

Mametan 店的最后一道料理砂锅饭，除了用牡蛎外，还可以用白虾和樱花虾等油炸物来增添分量。为了吃起来比较清爽，拌入了腌酸芹菜。

温度时间：185 ℃数十秒。
预想状态：用浓稠的天妇罗面糊包裹住牡蛎，高温油炸使牡蛎熟透。

去壳牡蛎…5 个
低筋面粉、浓稠的天妇罗面糊（低筋面粉、蛋黄、水）
油
卡马格海盐

米…2 量米杯（360 mL，约 300 g）
汤底（第二道高汤约 325 mL*）
浓口酱油
腌酸芹菜（切碎）、小葱（切葱花）

*使用双层盖子砂锅时的用量。

1 用盐搓洗牡蛎后水洗并擦干，撒满低筋面粉后裹上浓稠的天妇罗面糊，油温 185 ℃下锅炸至酥脆捞出。撒上卡马格海盐静置。

2 将米淘洗后浸泡 30 分钟，随后转移至砂锅（双层盖子砂锅）中，加入汤底后中火炖煮。待到汤汁沸腾冒气之后关火闷 8 分钟。

3 打开锅盖，放上炸好的牡蛎、腌酸芹菜碎和小葱葱花，加入浓口酱油搅拌均匀，尝味并进行调整。

旗鱼荷兰烧

根津竹本

非常适合搭配米饭食用的一道菜品。炸过之后再煮的料理被称为『荷兰烧』。把食物既炸得表面酥脆又保持多汁的口感，之后再加以调味的手法非常适合用来制作口味清淡且易柴（干涩）的鸡胸肉等食材。比起剑旗鱼，这种烹饪方式多用于油脂较少的四鳍旗鱼。

→做法详见第 52 页

炙烧风味鲣鱼 配香葱

根津竹本

用较多的油迅速炸一遍，以此方式代替炭火烧烤。这是在鲣鱼皮下脂肪较少的时期所采用的烹饪手法，用油来增添香气及浓郁感。要选择带皮鲣鱼来烹饪。此外，为了吃起来比较清爽，推荐与带有酸味的姜片一起食用。

→做法详见第 52 页

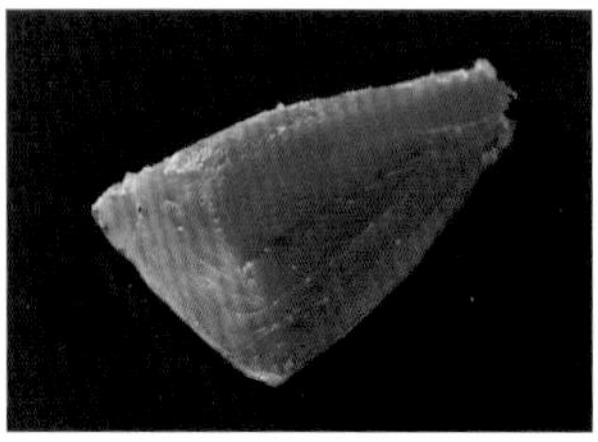

炸大头菜和鲣鱼

雪椿

大头菜适当脱水，浓缩美味。另外，快速油炸鲣鱼，半熟即可取出。

→做法详见第53页

炙烧风味炸生鲣鱼

西麻布 大竹

将鱼肉夹上大蒜、生姜、紫苏等油炸，赋予其炙烧风味。鲣鱼刺身半熟即可。

→做法详见第53页

旗鱼荷兰烧

根津竹本

温度时间：180 ℃炸 3~4 分钟。
预想状态：撒上低筋面粉后喷水，这样炸的颜色比较漂亮。

旗鱼、盐、低筋面粉
面筋
绿芦笋
油
荷兰烧酱汁（高汤 6 ：味醂 1 ：浓口酱油 1，砂糖少量）、黄油
芽葱、黑胡椒

1 处理旗鱼，切成 2 cm 块状。抹上盐放进冰箱冷藏 4 小时左右。
2 擦干后撒上低筋面粉再喷水。喷水能够让面粉更加贴合，炸出来的颜色更好看。
3 油温 180 ℃炸 3~4 分钟左右，然后沥油。在这个过程中就算没有炸熟也没关系。
4 将绿芦笋切成容易食用的大小，与面筋一起放入锅中素炸。
5 将荷兰烧酱汁的材料一同放入锅中煮，加入旗鱼、面筋和绿芦笋搅拌均匀，最后加入黄油，大火使其熔化，增添风味及浓郁感。
6 起锅装盘，放上切整齐的芽葱，撒上黑胡椒。

炙烧风味鲣鱼 配香葱

根津竹本

温度时间：用烧到冒烟的芝麻油好好炸鱼皮，鱼肉在短时间内炸到变色即可。
预想状态：为了让鱼皮酥脆，要以鱼皮为重点进行油炸。

鲣鱼（带皮）、盐
芝麻油（焙煎浓口款）
柚子醋
佐料（生姜、蘘荷、大葱葱白、芽葱、酢橘）

1 处理好鱼后抹上盐。
2 在平底锅中倒入约 1 cm 深的芝麻油后开火加热，开始冒烟后就将鲣鱼的鱼皮面朝下油炸。
3 鱼皮炸至酥脆，鱼肉炸至变色即可。取出放凉。
4 将佐料切成等长的细丝。
5 鲣鱼切成鱼片后装盘，上面铺满佐料，周边淋上柚子醋。

炸大头菜和鲣鱼

雪椿

温度时间：大头菜 150 ℃炸 4 分钟。鲣鱼 160 ℃炸 1 分钟。
预想状态：慢炸大头菜，去除其水分。高温快炸鲣鱼，使其中间呈半熟状态。为了不把鱼肉炸得太老，所以需要用马铃薯淀粉包裹鱼肉。

大头菜
鲣鱼、马铃薯淀粉
油

佐料羹
（高汤 6 ：日本酒 1 ：淡口酱油 1 ：味醂 1，马铃薯淀粉适量）
黑色七味胡椒粉、九条葱

1 大头菜连皮切成扇形。鲣鱼取鱼背肉。
2 油温 150 ℃放入大头菜油炸。慢慢油炸，去除水分，直至炸熟。
3 将鲣鱼切成 1 cm 厚的鱼片（刺身），随后撒上马铃薯淀粉，油温 160 ℃下锅快速炸一下。中间半熟即可。
4 制作佐料羹。加热高汤，加入日本酒、淡口酱油和味醂调味，慢慢倒入马铃薯淀粉水勾芡。
5 将佐料羹倒在碗里，放上大头菜和鲣鱼，撒上黑色七味胡椒粉。最后放上九条葱葱花。

炙烧风味炸生鲣鱼

西麻布 大竹

温度时间：180 ℃炸 30 秒。
预想状态：高温快炸使面衣熟透。

鲣鱼
大蒜（切薄片）
生姜（切薄片）
紫苏（切丝）
低筋面粉、蛋液、新鲜面包糠、油

柚子醋羹（容易制作的分量）
- 柚子醋…200 mL
- 浓口酱油…200 mL
- 第一道高汤…100 mL
- 味醂…少量
- 葛粉…适量

蘘荷（切薄片）、芽葱

1 处理好的鲣鱼切成 1 cm 厚的鱼片（刺身），再在鱼片上片出一个口子。
2 将大蒜、生姜、紫苏塞入 **1** 的口子，随后撒上低筋面粉，过蛋液，裹新鲜面包糠。
3 油温 180 ℃，将 **2** 的鱼片下锅炸 30 秒后捞出沥油。
4 制作柚子醋羹。将高汤和调料一起加热，一边观察状态，一边慢慢加入少量葛粉水勾芡。
5 将鲣鱼装盘，倒入少量柚子醋羹，最上面放上蘘荷和切齐的芽葱。

雪饼碎松叶蟹

楮山

将快速汆烫过的蟹脚裹上雪饼碎油炸，这是一种特别的油炸方式。如果能先把雪饼碎油炸好，就能缩短油炸时间，螃蟹也不会炸得太老。

→做法详见第 56 页

毛蟹豆腐饼银杏泥高汤

楮山

用炸至金黄的豆腐饼搭配饱含烤银杏香气的高汤，这是一道充满秋天气息的汤品。

→做法详见第 56 页

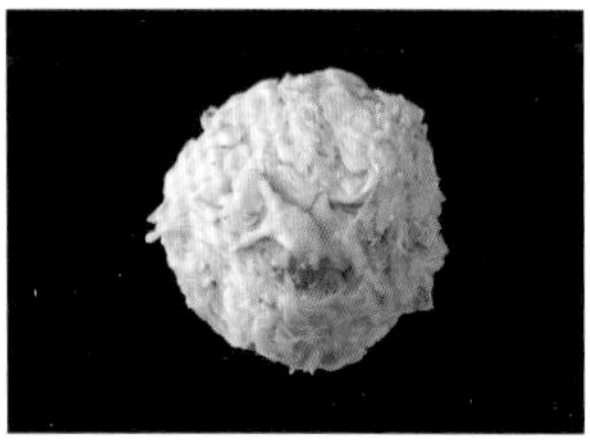

吐司炸沙鲮

楮山

用吐司夹住沙鲮，放在少量的油中炸，做出一道颇具初夏气息的西式料理。配上欧芹酱和莳萝花一起品尝，清爽的味道立马散布唇齿之间。

温度时间：在平底锅中多放些油，小火油炸。
预想状态：为防吐司炸焦，需要低温慢炸，均匀上色，炸至金黄色即可。

沙鲮、盐、胡椒
青紫苏
低筋面粉、蛋液、吐司面包、油
欧芹酱*
莳萝花

*将煮过的欧芹用搅拌机打碎，过滤后加入盐调味制成。

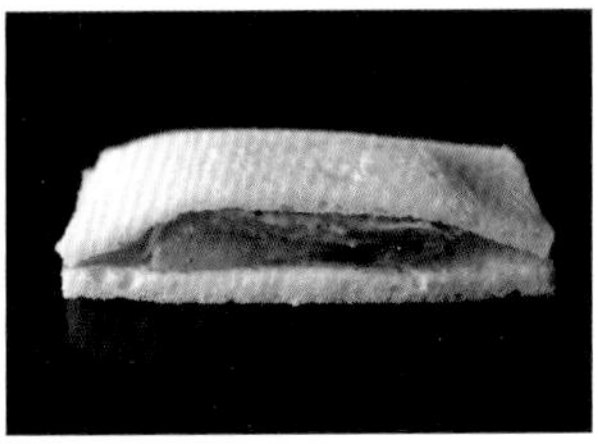

1 将沙鲮三枚切后切成能一口食用的大小，用力沾上盐后撒胡椒。用2片青紫苏叶夹住沙鲮，撒上低筋面粉，过蛋液，再用切成薄片的吐司夹住。

2 在平底锅中多倒入些油，随后开火加热。待到油温上来之后，将1的吐司边切掉，然后对半切开放入锅中，低温油炸。

3 待表面金黄即可翻面。因为面包吸油，所以一旦油变少的话就需要再加油。待两面均炸至金黄后便可起锅沥油。

4 盘子里倒入欧芹酱，将炸好的吐司装盘。撒上莳萝花。

雪饼碎松叶蟹

楮山

温度时间：160 ℃炸 3 分钟。
预想状态：面衣凝固。蟹肉不宜炸得过老，温热即可。

松叶蟹（脚）、盐
米粥、雪饼碎、油

蟹黄塔塔酱（容易制作的分量）
- 水煮蛋蛋黄…2 个
- 蟹黄…1 杯
- 蟹肉…100 g
- 盐、柠檬汁…各适量

1 准备蟹脚，放入加了盐的热水中汆煮。蟹脚变色后立马捞出去壳。
2 在1的蟹脚上撒盐，用刷子刷上米粥，并将已经油炸过的雪饼碎固定在蟹脚肉外侧。
3 油温 160 ℃下锅炸 3 分钟，蟹脚肉浮起后便可捞出沥油。
4 制作蟹黄塔塔酱。将水煮蛋的蛋黄碾碎，加入蟹黄、蟹肉、盐和柠檬汁搅拌均匀。
5 将炸好的蟹脚肉装盘，摆上蟹壳装饰。搭配蟹黄塔塔酱。

毛蟹豆腐饼 银杏泥高汤

楮山

温度时间：160 ℃炸 10 分钟，最后提高油温。
预想状态：炸到表皮酥脆。

豆腐饼内馅（容易制作的分量）
- 毛蟹肉…100 g
- 干贝（滤网碾碎过滤）…20 g
- 薯蓣（磨成泥）…10 g
- 木棉豆腐（滤网碾碎过滤）…30 g
- 蛋清（打发至六成）…5 g

油
卤汁（高汤 8 ：淡口酱油 0.5 ：浓口酱油 0.5 ：味醂 1）

银杏泥高汤（银杏 100 g、高汤 100 mL、盐适量）
小松菜

1 制作豆腐饼内馅。将毛蟹肉、薯蓣、用滤网碾碎过滤的干贝和木棉豆腐、打发的蛋清混合搅拌均匀。
2 将豆腐饼内馅团成 50 g 左右 1 个的丸子，油温 160 ℃下锅炸。炸至豆腐饼颜色变深、口感酥脆，最后提高油温。变色之后取出。
3 将2的豆腐饼放凉，随后放进卤汁中小火加热。沸腾之后连同卤汁一起倒入密封容器中，再将容器放入冰水中锁味。
4 制作银杏泥高汤。银杏去壳，放在网上烤一烤后去皮。将银杏放入料理机中，加入高汤一起打成泥。
5 将3的豆腐饼和卤汁加热。取4的银杏泥高汤加热，用盐调味。将银杏泥高汤倒在碗中，放入加热后的豆腐饼。最后放上焯过水的小松菜。

红金眼鲷和大头菜 大头菜汤羹

Mametan

大头菜油炸脱水，浓缩了甘甜，红金眼鲷炸得松软，再搭配汤羹制作而成的一道味道浓郁的油炸料理。

温度时间：180 ℃快速油炸红金眼鲷，之后用余温加热。

大头菜 170 ℃炸 5 分钟。

预想状态：为了保持红金眼鲷的多汁及松软，需要用高温油炸使其外层酥脆。由于大头菜水分含量较高，所以为了保证口感，需要适当去除水分，浓缩其甘甜。

红金眼鲷、盐

大头菜

低筋面粉、稀面糊（低筋面粉、蛋黄、水）、油

大头菜汤羹（红金眼鲷高汤*、盐、大头菜泥、九条葱、姜汁、葛粉）

柚子皮

*将红金眼鲷裹上满满一层盐，放置一晚后冲洗干净。用 10 份水与 2 份日本酒配比调成汤汁，放入鱼骨、杂菜（白菜、洋葱皮、卷心菜等甜味蔬菜）、葱、生姜后加热。水沸后转小火继续炖煮 1 小时。

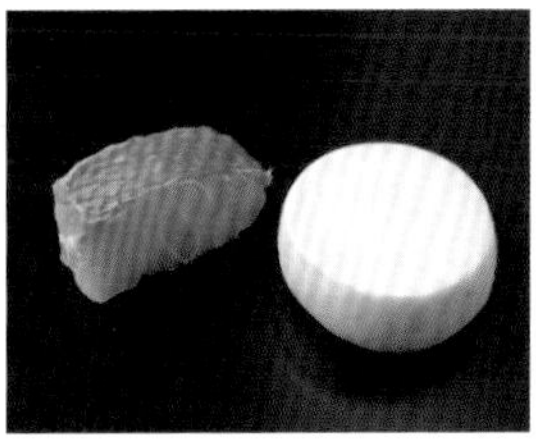

1 将红金眼鲷配合大头菜的大小切块。大头菜去厚皮，随后切成 2 cm 厚的圆片。

2 将红金眼鲷撒上一层薄盐后撒低筋面粉，过稀面糊，油温 180 ℃下锅炸。炸至表皮酥脆。

3 油温 170 ℃慢炸大头菜，适当去除其水分。不要炸得过软，需要保留一定的口感。

4 制作大头菜汤羹。加热红金眼鲷高汤，用盐调味，慢慢加入葛粉水勾芡，将大头菜泥脱水、九条葱切条，一并放进锅中加热，最后加入姜汁收味。

5 将大头菜、红金眼鲷装盘，淋上大头菜汤羹。最后放上柚子皮。

素炸贝柱配咸味海胆

根津竹本

咸味海胆具有独特的美味和盐味。用咸味海胆搭配新鲜海胆做成口味温和的拌料，和油脂搭配会更易入口。非常适合作为开胃菜和下酒菜。

温度时间：180℃炸1分钟。
预想状态：用高温油炸的方式保持贝柱多汁的口感。在炸的过程中为其增添油脂的香味。

贝柱
低筋面粉、油
拌料（咸味海胆1：新鲜海胆1，高汤少量）
烤海胆*

*将新鲜海胆煎到散开，之后用研钵研成粉末状。

1 准备拌料。将等量的咸味海胆和新鲜海胆混合搅拌均匀，用高汤调节浓度。

2 稍微擦干贝柱之后，撒低筋面粉，油温180℃下锅炸1分钟。

3 将1的拌料与油炸后的贝柱搅拌均匀装盘。撒上大量烤海胆。

油炸火锅年糕夹樱花虾

旬菜 小仓家

用火锅年糕夹住樱花虾真丈油炸。为了保持年糕的白色，需要用干净的油来炸。

温度时间：180 ℃炸 30 秒。
预想状态：为了保持年糕的颜色，需高温快炸。

樱花虾真丈（容易制作的分量）
- 新鲜樱花虾…200 g
- 白肉鱼泥…500 g
- 蛋黄酱*…3 个量

火锅用日式年糕、海苔

低筋面粉、稀面糊（低筋面粉、蛋黄、水）、油

*在碗中打入 3 个蛋黄，用打蛋器打发后慢慢加入 150 g 色拉油搅拌，制成蛋黄酱。

1 制作樱花虾真丈。用搅拌机把樱花虾打成泥，然后加入白肉鱼泥和蛋黄酱一起打，做成真丈。

2 用火锅年糕夹住 15 g 真丈，再用切成细条的海苔卷住。如果真丈分量过多则会炸得不美观，所以适量即可。

3 撒低筋面粉，过稀面糊，油温 180 ℃下锅炸。为了突出真丈的红色，注意不要将年糕炸得颜色过重。

4 取出后沥油装盘。

稻庭乌龙面 樱花虾速炸

楮山

煮过的稻庭乌龙面拌上樱花虾浆，然后放上速炸的樱花虾点缀。高温快炸新鲜的樱花虾，可以产生独特的香味和口感。

温度时间：200 ℃炸 10 秒。
预想状态：过油后即刻取出，去除外壳的水分，保留虾肉的多汁感。

新鲜樱花虾、油

稻庭乌龙面…50 g
樱花虾浆（容易制作的分量）
洋葱（剁碎）…半个量
新鲜樱花虾…300 g
色拉油…适量
鲜奶油…100 mL
牛奶…适量
盐…适量

嫩苋菜

1 将樱花虾快速洗一下后擦干。

2 油温 200 ℃放入 1 的樱花虾。噼啪声消失后则表明水分已经炸干，此时可以用网捞出。这样便可使虾壳酥脆，虾肉保留多汁的口感。

3 制作樱花虾浆。用色拉油翻炒洋葱，洋葱变软后加入樱花虾。等到水分蒸发，便可加入没过食材的牛奶和鲜奶油，炖煮 30 分钟。加盐调味后，用搅拌机打碎。

4 锅中下入 50 g 稻庭乌龙面，煮熟后沥干。取 3 的樱花虾浆 80 g 左右，用少量面汤化开。将煮好的乌龙面放进去拌匀装盘。放上 2 的樱花虾，并轻轻放上嫩苋菜。也可以撒一些磨碎的煎花生。

樱花虾炊饭

莲

在炊饭上摆放大量刚炸好的樱花虾，然后和花椒一起上锅蒸，香气四溢，油汪汪的米饭也非常好吃。

温度时间：175 ℃炸 15 秒。
预想状态：**高温快炸，使虾壳酥脆，虾肉保留多汁感。**

新鲜樱花虾…50 g
油
米…1.5 量米杯（270 mL，约 225 g）
炊饭高汤（高汤 340 mL、淡口酱油 20 mL、生姜泥少量）
花椒…适量

1 将樱花虾快速洗一下后擦干。

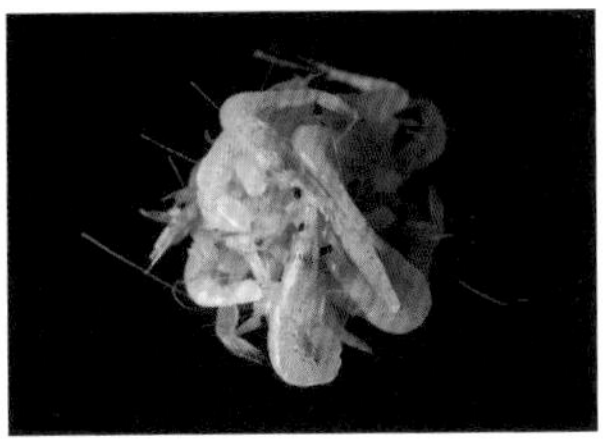

2 油温 175 ℃下樱花虾炸 15 秒左右，随后立刻取出沥油。

3 将米淘洗后浸泡 10 分钟。随后放入砂锅中，倒入比米至少多一成的炊饭高汤，大火煮沸。沸腾后转小火煮 5 分钟，之后关火闷 3 分钟。

4 将 **2** 的樱花虾和新鲜的花椒放在 **3** 的砂锅饭上，继续蒸 2 分钟。

5 蒸好后先向客人展示砂锅，再快速搅拌后盛入碗中。

针鱼生海胆 洋葱羹

Mametan

用针鱼把海胆包裹住，随后做成五分熟。用激发出甘甜味的洋葱羹来搭配海胆食用。

温度时间：180 ℃炸 1 分钟。
预想状态：高温油炸，用针鱼的余温加热包在中间的海胆。

针鱼
海胆
低筋面粉、稀面糊（低筋面粉、蛋黄、水）、油
洋葱羹（嫩洋葱泥 1：浓口八方高汤 *1，葛粉适量）
芽葱

*高汤 5：味醂 1：浓口酱油 1，根据此比例调制而成。

1 将针鱼三枚切，在鱼皮上改细细的斜刀。这样切开后也较为好卷。

2 将针鱼卷起，中间塞入海胆，随后用牙签固定。

3 将2的食材撒上低筋面粉，过稀面糊后，油温 180 ℃下锅炸。中间的海胆炸至五分熟便可捞出，上桌时余温可以将其加热到刚刚好的程度。

4 制作洋葱羹。取等量的嫩洋葱泥和浓口八方高汤放入锅中加热，加入葛粉水勾芡。

5 在碗中倒入洋葱羹，将3的食材放在上面。再放上大量切短的芽葱。

炸秋刀鱼奶酪卷

旬菜 小仓家

这是一道用细长的秋刀鱼包裹住奶酪，然后进行油炸的料理。秋刀鱼烤过之后焦香十足，所以炸一炸后再切开，随后烤一下，以增加其焦香味。

温度时间：160 ℃炸 2 分钟。
预想状态：慢慢油炸，让包在里面的奶酪变软。

秋刀鱼、盐
青紫苏
熔化奶酪片
低筋面粉、天妇罗面糊（低筋面粉、蛋黄、水）、油

1 将秋刀鱼三枚切，抹上盐后静置 10 分钟，去除水分和腥味。为了方便把鱼肉卷起来，可以将鱼肉自中间往两边片开，调整成相同的厚度。片得薄些也比较好熟。

2 鱼肉面朝上，放上青紫苏和奶酪片，然后一起卷起来。边缘用牙签固定。

3 撒低筋面粉，过天妇罗面糊，油温 160 ℃下锅炸。随后起锅沥油，利用余温继续加热。

4 将两边修齐之后对半切开，用喷火枪烧烤一下切面，以增焦香味。拔掉牙签装盘上桌。

炸秋刀鱼和秋茄子
花椒味噌酱

旬菜 小仓家

秋季的秋刀鱼和茄子都很美味。采用合适的方法油炸后，就可以一起享用。茄子需要炸到变软。

温度时间：秋刀鱼 180 ℃炸 30 秒。茄子 180 ℃炸 1 分钟。

预想状态：因为秋刀鱼肉很薄，所以需要高温快炸，以防炸焦。茄子则需要适当脱水使其变软，外层也需要炸至酥脆。

秋刀鱼、盐、马铃薯淀粉

茄子

油

花椒味噌酱

花椒味噌（参见第 23 页蜂斗菜可乐饼）

……将酒精煮挥发后的酒

佐料（青紫苏、蘘荷、芽苗菜）

1 将秋刀鱼三枚切，抹上盐后静置 10 分钟，去除水分和腥味。将鱼皮改格子花刀状，再切成 5-6 cm 长的鱼块。

2 将茄子切成 1 cm 厚、一口大小左右的块状，切口面改格子花刀。

3 用刷子将马铃薯淀粉刷在秋刀鱼上，油温 180 ℃下锅快炸。注意不要炸焦。

4 油温 180 ℃下锅炸茄子。适当去除水分使茄子变软，外层炸至酥脆。

5 将茄子和秋刀鱼装盘，用煮过的酒化开适量的花椒味噌当作酱汁，将佐料里的各种蔬菜切丝，拌在一起后装盘。

炸银鱼浆球 配萝卜泥醋

莲

重点在于需要挑选较大条的银鱼，并在炸的时候保持水分。推荐搭配萝卜泥醋一起食用，这样吃起来较为清爽。

温度时间：160 ℃快速油炸。
预想状态：低温油炸，中间还未熟时便要取出，随后用余温加热。

银鱼…15 条
低筋面粉、稀面糊（低筋面粉 3 ∶玉米粉 1 ∶碳酸水 1.5）、油
萝卜泥醋（萝卜泥 100 g、高汤 20 mL、昆布 5 g、醋 10 mL、盐少量）
芽葱

1 先将银鱼撒低筋面粉，然后把 15 条银鱼摆齐，过稀面糊后，油温 160 ℃下锅快炸。在中间还未熟时取出沥油，用余温使鱼加热到半熟状态。

2 制作萝卜泥醋。将萝卜磨成泥，稍微挤水，加入高汤、昆布、醋和盐后静置半日。

3 将银鱼装盘，淋上萝卜泥醋后放上芽葱。

炸银鱼和八尾若牛蒡饼盖浇饭

久丹

对于油炸料理而言，上桌时的温度十分重要。八尾若牛蒡（日本八尾市特产蔬菜，也叫八尾叶牛蒡）的香味和形态、盖浇饭酱汁的咸淡都会因为温度的不同而有所差异。最好起锅后马上盛给客人。

温度时间：160℃炸 3 分钟，最后油温升至 180℃。
预想状态：为了不让食材散开，需要先低温油炸，待固定后再翻面高温油炸，这样便不会太油腻。

银鱼…20g
八尾若牛蒡的根茎（片成丝）…10g
低筋面粉、天妇罗面糊（低筋面粉、水）、油
米饭
盖浇饭酱汁*（溜酱油 0.8：浓口酱油 0.8：日本酒 1：味醂+红酒 2.5）
青海苔

*将所有调料混合在一起，随用随添。

1 将八尾若牛蒡的根茎都片成丝。茎的部分需要水洗。
2 在碗中放入银鱼和 1 的根茎，撒上少量低筋面粉，加入适量的天妇罗面糊搅拌均匀。
3 用漏勺捞起 2 的食材，使多余的面糊滴落，轻轻放入低温油锅中，保持面衣不散开。
4 中途翻面一次，最后将油温提升至 180℃，炸至酥脆。随后起锅沥油。
5 盛饭并放上 4 的炸饼，淋上甜辣口味的盖浇饭酱汁。撒上青海苔。

炸白带鱼蚕豆酥

西麻布 大竹

这是一道特别的料理，将剁碎的蚕豆放在白带鱼片上，背面撒上磨碎的咸味仙贝。将蛋白霜和马铃薯淀粉混合成面糊，蚕豆便不易脱落，能够炸得很漂亮。

温度时间：170 ℃炸 3 分钟。
预想状态：蚕豆颜色保持鲜艳。背面的咸味仙贝则需要炸得酥脆。

白带鱼、盐
大德寺纳豆
蚕豆
咸味仙贝
低筋面粉、面糊（蛋清 1 个量、马铃薯淀粉 10 g）、油

1 将白带鱼三枚切，轻轻撒上一层盐，然后切成 7 cm 长的块状。从中间往两边片开，夹入剁碎的大德寺纳豆。

2 剥掉蚕豆壳，去皮并剁碎成粗颗粒。咸味仙贝磨碎。

3 准备面糊。将蛋清打发至八成后加入马铃薯淀粉。

4 用刷子将低筋面粉刷在1的白带鱼上后，裹上3的面糊。将剁碎的蚕豆固定在鱼皮面上，鱼肉面则沾上磨碎的咸味仙贝。

5 油温 170 ℃，将蚕豆面朝上放入锅中炸 3 分钟左右，随后取出沥油。成品图是将鱼肉切开的照片，便于读者看见里面的内容。

鱼鳔牛肉腐皮羹

Mametan

入口即化的鱼鳔和牛肉里脊，加上软嫩的腐皮，搭配顺滑浓稠的酱油羹。使用酥脆的面衣来突出食材的软嫩。也可以用牡蛎等柔软的食材代替鱼鳔。

温度时间：180 ℃炸 20~30 秒。

预想状态：高温速炸鱼鳔，使其热气腾腾的同时保有入口即化的口感。

鳕鱼鳔、盐水

低筋面粉、天妇罗面糊（低筋面粉、蛋黄、水）、油

火锅用牛肉里脊

鲜嫩腐皮、酱油羹*

柚子皮

*按高汤 5：浓口酱油 1：味醂 1 的比例调匀加热，慢慢添加葛粉水勾芡。

1 将鱼鳔切成 20 g 一块，用盐水洗净后擦干，撒低筋面粉，随后过天妇罗面糊，在油锅上甩落多余的面糊后，油温 180 ℃下锅炸 20~30 秒，取出沥油。

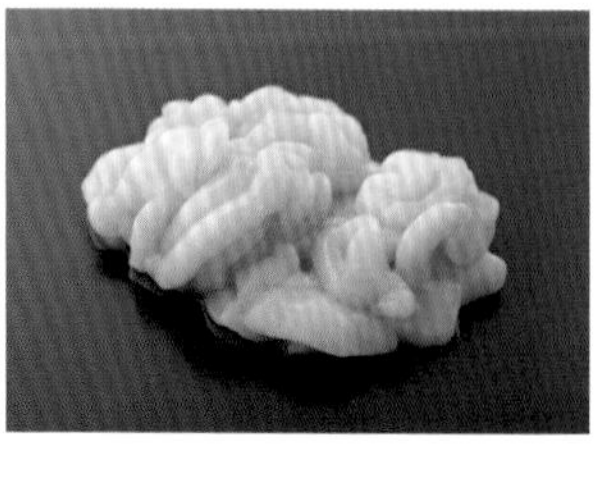

2 将火锅用牛肉里脊下入 60 ℃的水中汆烫一下，再包上 1 的鱼鳔。

3 将 2 的食材装盘，盖上加热的鲜嫩腐皮，淋上热腾腾的酱油羹。用刨刀刨削出大量柚子皮，撒在上面。

炸海鳗仔鱼裹芝麻

根津竹本

这是将海鳗仔鱼裹满芝麻后进行油炸的一道料理。即便鱼身很薄，且炸的时间不短，但并不会导致海鳗失去特有的湿滑感。炸了之后过一段时间，其面衣的口感也不会变。这种方法也适用于炸白肉鱼。

温度时间：160 ℃炸 4~5 分钟。

预想状态：注意不要把芝麻炸焦，面衣要固定好。

海鳗仔鱼
天妇罗面糊（低筋面粉、鸡蛋、水）、熟芝麻、油
盐
七味辣椒粉

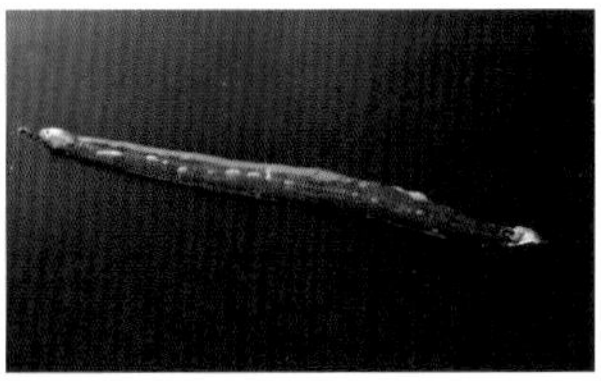

1 将海鳗仔鱼擦干，紧紧裹上天妇罗面糊和熟芝麻。还可以用蛋清液代替天妇罗面糊。

2 油温 160 ℃炸 4~5 分钟，注意不要把芝麻炸焦。

3 起锅沥油，撒上盐。待到油沥干后便可装盘，随后撒上七味辣椒粉。

过夜干渍青甘鱼 浸泡南蛮酱

根津竹本

这是一道冰冰凉凉的南蛮腌菜。青甘鱼要选择小一点的。将弯曲的鱼风干，直接下锅炸，随后浸泡在南蛮酱汁中，可以使鱼保持活跃的形态。

温度时间：170 ℃炸 7 分钟。
预想状态：为了让人可以从头啃整条鱼，需要低温慢炸。

青甘鱼、盐水（盐分浓度 3%）、油
大葱葱白、芝麻油（烘焙浓口款）
南蛮酱汁（高汤 12 ：味醂 1 ：苹果醋 1，盐适量，淡口酱油少量）
万能葱（切葱花）、七味辣椒粉

1 将青甘鱼去除内脏，在盐水中浸泡 1 小时，随后穿起来在室内风干一天。风干可以去除部分水分，后面浸泡在南蛮酱汁中也可维持一定形状。

2 油温 170 ℃慢炸青甘鱼。炸的时间会根据鱼的大小而有所变化。需要炸至连鱼头都能食用的程度。浸泡在南蛮酱汁里会有些许变硬，所以在炸的时候需要好好油炸。

3 大葱葱白随意切成便于食用的大小，在平底锅中加入芝麻油，煎至焦黄色。

4 提前准备好南蛮酱汁。将所有材料一起下锅煮，煮沸之后常温冷却。将青甘鱼和葱白趁热放在南蛮酱汁中浸泡一天。

5 将青甘鱼和葱白放在冰镇过的器皿中，随后撒上万能葱葱花和七味辣椒粉。

蛤蜊土佐炸

根津竹本

土佐炸的面衣一般是木鱼花（鲣鱼干片）。这里为了不让木鱼花过于抢味，调整为在炸好后撒上金枪鱼丝。油菜花炸至略带焦香色为佳。

温度时间：蛤蜊肉 180 ℃炸 3~4 分钟。油菜花 180 ℃炸几十秒。

预想状态：为了保持蛤蜊的水分，需要使用比油菜花更厚的面衣对其进行包裹，然后高温油炸，用余温加热。油菜花则需裹上薄面衣高温油炸，炸至花苞及叶尖微微焦黄。

蛤蜊
低筋面粉、天妇罗面糊（低筋面粉、鸡蛋、水）
油菜花、稀面糊（低筋面粉、鸡蛋、水）
油、盐
金枪鱼丝、花椒嫩叶

1 蛤蜊去壳取出蛤蜊肉，擦干，撒低筋面粉，过天妇罗面糊。因为要用蛤蜊壳来装盘，所以提前洗净备用。

2 油温 180 ℃下锅炸 3~4 分钟，中途需经常翻面。需要根据蛤蜊的大小来调节油炸的时间。待到气泡声消除后便可取出，用余温进一步加热。

3 由于油菜花的叶尖需微微炸焦，所以裹上稀面糊后，油温 180 ℃下锅快速油炸。

4 将金枪鱼丝撒在2和3的食材上，随后撒上少量盐。需要控制金枪鱼丝的用量，以防其过于抢味。随后将食材装在蛤蜊壳上，撒上花椒嫩叶。

道明寺粉炸蛤蜊　配矶香羹

Waketokuyama

这是一道将道明寺粉裹在蛤蜊肉上炸制的特殊油炸料理。在羹中加入生海苔，可以激发出蛤蜊的鲜香。

→做法详见第 74 页

海鳗　葡萄和梅干双味油炸

旬菜　小仓家

海鳗清淡且水分充足，下锅一炸便会膨胀起来，吃起来很松软，而且锅中的油还能为其增添浓郁的口味。

→做法详见第 74 页

薄面衣炸海鳗洋葱柚子醋

莲

将海鳗三枚切后再进行骨切（骨切是一种刀工，将鱼肉切得非常细但又不把鱼皮切断，以此方式弄断鱼骨），静置3天，待海鳗的甘甜味出来后再油炸。海鳗也可以作为刺身食用，所以切记不要炸得太老。

→做法详见第75页

道明寺粉炸蛤蜊 配矾香羹

Waketokuyama

> 温度时间：170 ℃炸 1~2 分钟，最后油温升至 180 ℃。
> 预想状态：蛤蜊需完全炸熟，但是不能炸得太老，要将其汁水锁在面衣当中，利用余温加热。

蛤蜊（50~60 g 大小）
盐水（盐分浓度 2%）
低筋面粉、蛋清、道明寺粉、油

矾香羹

- 高汤…60 mL
- 淡口酱油…25 mL
- 盐…1 撮
- 马铃薯淀粉…适量
- 生海苔…10 g

1 将蛤蜊浸泡在浓度 2% 的盐水中 3~4 小时吐沙，随后用清水洗净，去壳取出蛤蜊肉。由于蛤蜊壳要用来装盘点缀，因此需要提前用清水洗净并焯水。

2 用浓度 1% 的盐水（未在食谱分量内）搓洗蛤蜊肉后擦干，撒低筋面粉，过搅匀后的蛋清，裹道明寺粉。

3 油温 170 ℃下 **2** 的蛤蜊肉，炸 1~2 分钟，最后提高油温至 180 ℃炸至酥脆，捞出沥油。

4 制作矾香羹。在锅中下入高汤、淡口酱油和盐，开火加热，待温度提上来后加入马铃薯淀粉水勾芡，然后加入生海苔加以搅拌。

5 将蛤蜊壳放盘中，放上 **3** 的蛤蜊肉，随后淋上矾香羹。

海鳗 葡萄和梅干 双味油炸

旬菜 小仓家

> 温度时间：160 ℃炸 2 分钟，最后油温升至 180 ℃。
> 预想状态：海鳗需慢慢油炸，使其松软且熟透。中间的葡萄和梅干微热即可。

海鳗、盐、青紫苏
阳光玫瑰葡萄、梅干
低筋面粉、天妇罗面糊（低筋面粉、蛋黄、水）、油
盐

1 将海鳗三枚切后抹上盐，静置 20 分钟去除水分，激发其美味。

2 海鳗骨切后，切成 5 cm 宽的块状。将皮朝上放置，随后放上紫苏和两颗阳光玫瑰葡萄。从边缘卷起包裹，用牙签固定。

3 另取一块海鳗，用同样的方式放上紫苏，然后放上梅干卷起来。用牙签固定。

4 用刷子在 **2** 和 **3** 的食材上刷上低筋面粉后，裹上天妇罗面糊，油温 160 ℃下锅炸，炸至海鳗完全熟透。

5 拔掉牙签，撒上盐，把边缘切整齐后再对半切开，切口朝上装盘。

薄面衣炸海鳗 洋葱柚子醋

莲

温度时间：170 ℃炸 1 分钟。
预想状态：在海鳗半熟时取出，利用余温让其熟透且松软。

海鳗
低筋面粉、稀面糊（低筋面粉 3 ：玉米粉 1 ：碳酸水 1.5）、油
洋葱柚子醋（洋葱 50 g、水 20 mL、浓口酱油 30 mL、柚子醋 20 mL）
黄芥末

1 将海鳗剖开之后骨切。随后用毛巾包裹起来，放在冰箱里冷藏静置 3 天。

2 取出海鳗，切成 2.5 cm 宽的块状。撒上低筋面粉，过稀面糊后，油温 170 ℃下锅炸 1 分钟左右。取出后利用余温加热。

3 准备洋葱柚子醋。先将洋葱连皮蒸熟，随后去皮并与其他材料一起放在搅拌机中打碎。洋葱蒸过之后会变软，能够激发出其甘甜味。

4 将海鳗装盘，搭配洋葱柚子醋和黄芥末。

炸河豚鳔

久丹

使用河豚鳔代替豆腐来做这道料理。年后的鱼鳔会更加肥美，一般做法是撒上盐后再烤一烤，但炸一炸也非常美味。

→做法详见第 78 页

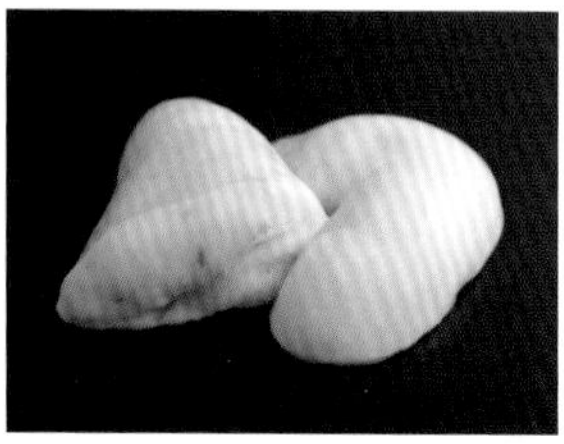

炸河豚

莲

河豚切厚片，有一种分量感，也更美味。面衣薄一些，能够炸得酥脆爽口。

→做法详见第 78 页

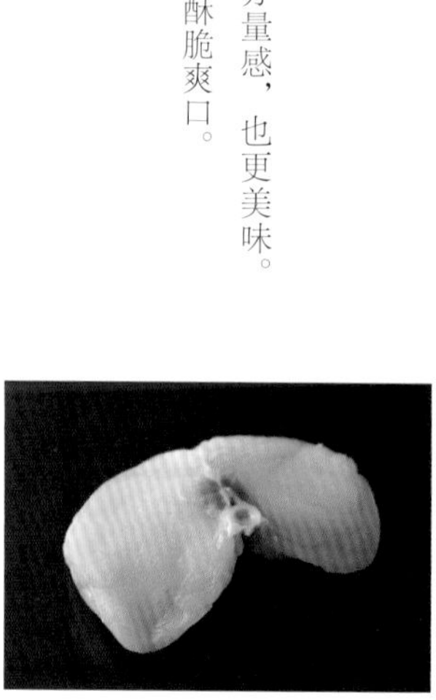

青甘鱼排

雪椿

这是一道用油脂丰富的青甘鱼做成的炸鱼排。刺身专用的青甘鱼只需处理得表面微熟，中间依旧维持生的状态即可。萝卜煮熟后再磨成泥，能增添甘甜口味。

→做法详见第 79 页

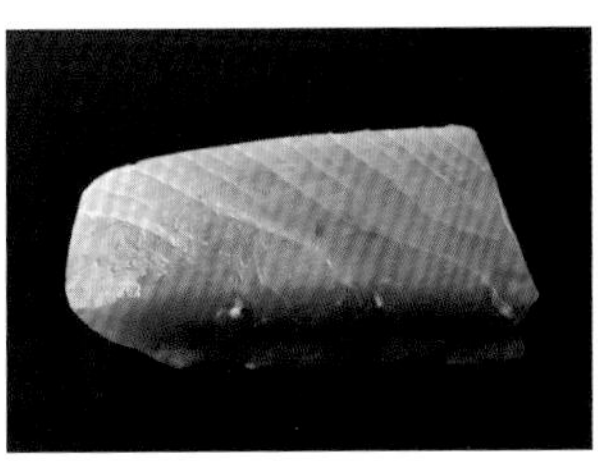

炸河豚

莲

温度时间：170 ℃炸 3 分钟。最后油温升至 180 ℃。
预想状态：河豚不宜炸得过老，需保持多汁感。

河豚（上身带骨）、盐
卤汁（高汤 1 ：浓口酱油 1）
低筋面粉、稀面糊（低筋面粉 3 ：玉米粉 1 ：碳酸水 1.5）、油
酢橘

1 将河豚切成 3 cm 长的块状。如果有一定厚度则会更加美味。抹上盐后静置 30 分钟。
2 将卤汁材料混合起来后，再将**1**的河豚放入浸泡 1 分钟左右。
3 沥掉卤汁，将河豚块撒上低筋面粉，过稀面糊，油温 170 ℃下锅炸至面衣酥脆。
4 河豚装盘，搭配酢橘。

炸河豚鳔

久丹

温度时间：180 ℃炸 3 分钟，最后提高油温。
预想状态：让河豚鳔裹在面衣中咕嘟咕嘟加热，使其口感顺滑。注意不要把面衣炸焦。

河豚鳔
低筋面粉、稀天妇罗面糊（低筋面粉、水）、油
搭配用高汤（高汤 5.5 ：浓口酱油 1 ：味醂 0.8）
圣护院芜菁
鸭头葱、红紫苏嫩芽

1 将河豚鳔切成 30 g 一块，撒低筋面粉，过稀天妇罗面糊，油温 180 ℃下锅炸。为了防止面衣炸焦，需要不停翻面。随后起锅沥油。
2 将搭配用高汤的材料一起放入锅中加热。再将带有甘甜味的圣护院芜菁磨成泥，挤掉水分，放入热高汤中加热。
3 将刚炸好的河豚鳔装盘，淋上**2**，撒上鸭头葱葱花和红紫苏嫩芽。

青甘鱼排

雪椿

温度时间：160 ℃炸 2 分钟。
预想状态：高温油炸，使面衣酥脆可口。

青甘鱼（刺身专用）、盐
低筋面粉、蛋液、新鲜面包糠、油

煮萝卜泥
……萝卜
……煮汤（高汤 6：日本酒 1：味醂 1：淡口酱油 1）

1 将青甘鱼片好后（100 g 左右）抹上盐。
2 撒低筋面粉，过蛋液，再紧紧裹上新鲜面包糠。
3 油温 160 ℃下锅炸，炸至面衣酥脆。待面衣呈金黄色便可捞出。利用余温继续加热。
4 炸之前先准备煮萝卜泥。提前煮好萝卜，再加上煮汤一起炖煮。冷却后将萝卜放入搅拌机中打成泥，稍稍挤掉水分。
5 将3的青甘鱼切好，搭配煮萝卜泥一起食用。

干贝狮子头 天妇罗酱

Waketokuyama

将狮子头馅炸30分钟，就能够有入口即化的口感。因为中间已经熟透，所以不需要再下锅煮，油炸后便能上桌。

温度时间：130~140 ℃炸 30 分钟，最后油温升至 160 ℃。
预想状态：慢慢炸干内馅的水分，低温好好炸熟。

狮子头馅（容易制作的分量）
干贝…6个（150 g）
木棉豆腐…1块（400 g）
木耳（泡发并切丝）…20 g
胡萝卜（切丝）…20 g
A（磨成泥的山药 2 大勺、低筋面粉 2 大勺、鸡蛋半个、砂糖 2 大勺、淡口酱油 5 mL）

油

天妇罗酱汁*、萝卜泥、生姜泥

*将 240 mL 高汤、30 mL 淡口酱油、30 mL 味醂、3 g 木鱼花全部放在一起煮。煮沸后过滤。

1 制作狮子头馅。用重物压干木棉豆腐的水分，再用细网碾碎过滤。木耳及胡萝卜稍微焯水后沥干，放在稍微调过味的高汤（未在食谱分量内）中煮 5 分钟后静置冷却。

2 去除干贝中较硬的部分，放在盐分浓度 1% 的盐水（未在食谱分量内）中搓洗后擦干。用菜刀剁碎后研磨。放入 **1** 的豆腐中拌匀。

3 将材料 A 和 **2** 的材料混合搅拌均匀。最后把 **1** 的木耳和胡萝卜滤干后也加进去。

4 在手上薄薄涂一层油，将馅料捏成 30 g 一个的球状（狮子头），油温 130~140 ℃下锅炸，不断翻动，炸 30 分钟直到呈现金黄色，最后将油温提升到 160 ℃，然后起锅沥油。

5 将炸好的狮子头装盘，附上天妇罗酱汁、萝卜泥和生姜泥。

干贝马铃薯樱花炸

Waketokuyama

将马铃薯蒸软，随后用干贝夹住，再用樱叶卷住后裹上天妇罗面糊，下锅油炸。散发出樱叶腌渍后的香气，是带有春天气息的一道料理。

温度时间：180 ℃炸 1 分钟。

预想状态：由于马铃薯已经炸熟，只要稍微加热即可。需要注意的是油炸干贝的火候，利用余温使其保持半熟状态。

干贝

马铃薯（五月皇后）

腌渍樱叶

低筋面粉、天妇罗面糊（低筋面粉 60 g、蛋黄 1 个量、水 100 mL）、油

盐

生姜

1 干贝去壳取肉。用浓度 1% 的盐水（未在食谱分量内）清洗并擦干。随后横向切开但不切断。

2 马铃薯削皮，去头去尾，随后切成圆柱形，再切成 8 mm 厚的圆片。上锅蒸 8~10 分钟。

3 将腌渍樱叶浸泡在大量清水中，稀释盐分后再滤干。去掉叶茎切成两半。

4 用 **1** 的干贝夹住 **2** 的马铃薯，再包上 **3** 的樱叶。用刷子刷上低筋面粉后，裹上天妇罗面糊，油温 180 ℃下锅炸。沥油后撒上少量盐。

5 将食材对半切开装盘，撒上加工成花瓣状的姜片。

炸干贝球藻蛤仔奶油酱

旬菜 小仓家

若炸的时间过长，周边的紫苏则会被炸焦，诀窍是把真丈捏得小一点。搭配充满贝类甘甜味道的酱汁特别好吃。

温度时间：160 ℃炸 3 分钟，最后油温升至 180 ℃。
预想状态：油温 160 ℃炸真丈，以防紫苏被炸焦。

干贝真丈（容易制作的分量）
- 干贝…10 个
- 白肉鱼泥…500 g
- 蛋黄酱*…2 个量
- 青紫苏（切丝）、油

蛤仔奶油酱（容易制作的分量）
- 蛤蜊…500 g
- 白酒…100 mL
- 黄油…10 g
- 低筋面粉…1 大勺
- 高汤…300 mL
- 豆乳…500 mL

*在碗中打入 2 个蛋黄，用打蛋器打发后慢慢加入 180 g 色拉油搅拌，制成蛋黄酱。

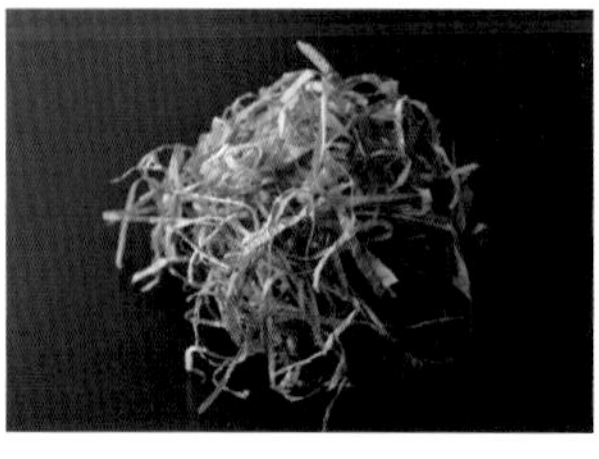

1 干贝切大块。用料理机将白鱼肉泥和蛋黄酱混合搅拌，随后加入干贝做成真丈。

2 准备蛤蜊奶油酱。将蛤蜊浸泡在盐水（未在食谱分量内）里吐沙，随后清洗干净。再将蛤蜊和白酒一起放入广口锅中，盖上盖子中火蒸煮。蛤蜊开口后便去壳，取出蛤蜊肉后放回锅中。随后在锅中放入黄油和低筋面粉，搅拌至与蒸汁融合。融合后加入豆乳，继续小火炖煮做成酱汁。

3 将 1 的真丈捏成丸子，一个 60 g，撒上紫苏丝，油温 160 ℃下锅炸。

4 在碗中倒入 2 的酱汁，再放上 3 的丸子。

炸干贝百合根

雪椿

将干贝切成滚刀块，搭配百合根。将所有带有甜味的食材放在一起做成炸饼。为了避免食物散开，需要用略微黏稠的天妇罗面糊当作面衣。

温度时间：140 ℃炸 3 分钟，最后油温升至 160 ℃。

预想状态：低温炸出百合根的水分，使其松软热乎且饱含甜味。最后需要高温油炸出干贝的焦香味。

干贝…2 个

百合根…70 g

低筋面粉、天妇罗面糊（低筋面粉、鸡蛋、水）、油

天妇罗酱汁慕斯（容易制作的分量）

…………高汤…360 mL

日本酒、味醂、淡口酱油…各 45 mL

吉利丁…10 g

盐

1 将干贝和百合根清理干净后切成大块，放入碗中。再将干贝和百合根都撒上低筋面粉，过较为浓稠的天妇罗面糊，油温 140 ℃下锅炸。

2 最后提高油温，将干贝炸至焦香。

3 制作天妇罗酱汁慕斯。将吉利丁以外的材料煮沸。水沸后关火，加入泡软的吉利丁使其融化。

4 将 3 的材料转移到碗中，随后将碗放在冰水中并用打蛋器搅拌散热，在此过程中材料也会逐渐凝固。将材料转移到密封容器中冷却凝固。

5 将炸饼装盘，搭配切成块状的天妇罗酱汁慕斯及盐。

西式油炸萤鱿沙拉

根津竹本

西式油炸饼的面衣只要完全熟透，即便里面所包含的食材带有水分，也能够保持面衣的酥脆。这是最适合添加到沙拉里的面衣。

温度时间：170 ℃炸 4~5 分钟。
预想状态：面衣熟透且酥脆。

萤鱿（水煮）
绿芦笋（随意切段）
西式油炸饼面衣（低筋面粉 100 g、碳酸水 100 mL）
番茄、新马铃薯、竹笋（去涩）
豌豆、八方地（高汤 8：味醂 1：淡口酱油 0.2，水、盐少量）
洋葱沙拉酱*
黑胡椒、花椒嫩叶

*洋葱磨成泥，加入酢橘，用盐调味，滴点芝麻油。

1 番茄过热水去皮。再将新马铃薯放在盐水中煮熟。以上两者均切成便于食用的大小。竹笋煮熟后也切成便于食用的大小。

2 豌豆煮熟后浸泡在八方地中。

3 准备西式油炸饼面衣。将低筋面粉放入碗中，加入碳酸水溶解。稍微静置一会儿让面糊稳定（立即使用的话，面衣很容易膨胀）。

4 去掉萤鱿的眼睛和嘴巴，擦干。将萤鱿和绿芦笋都裹上西式油炸面糊，油温 170 ℃下锅炸 4~5 分钟。由于绿芦笋尖容易炸焦，因此最好使用靠下方的茎部。

5 起锅沥油，拌入1和2的蔬菜，用洋葱沙拉酱调味。装盘之后淋上黑胡椒、撒花椒嫩叶。

竹笋饭 炸萤鱿

西麻布 大竹

竹笋饭改编版。搭配味道醇厚的萤鱿和鸭儿芹炸饼，让人耳目一新。因其拥有浓郁的口味和酥脆的口感，所以装盘时不要搅拌，直接放在饭上即可。

温度时间：175 ℃炸 2 分钟。
预想状态：适当去除萤鱿的水分。

萤鱿（水煮）…8 条
鸭儿芹叶（大致切一下）…10 g
低筋面粉、稀面糊（低筋面粉、蛋黄、水）、油

竹笋饭
洗净的米…300 g
竹笋（已去涩）…100 g
煮汤（第一道高汤 250 mL、淡口酱油 15 mL、味醂 15 mL）

1 洗净的米沥干后放入砂锅，将调好的煮汤倒入，再放入切成薄片的竹笋，盖上盖子大火煮。煮沸之后再转小火煮 10 分钟，然后关火，盖上盖子闷 10 分钟。

2 将萤鱿和鸭儿芹放在碗中，撒上低筋面粉，慢慢滴入稀面糊后搅拌均匀。

3 油温 175 ℃下锅炸 2 的食材。炸的时候适当去除萤鱿的水分。

4 将 3 放在煮好的饭上。然后盛在饭碗中，推荐拌匀后再享用。

◎［专栏］各种面衣

根据食材而选择不同的面衣，如此改变菜品的口感是非常有趣的。由于这些面衣较为酥脆，所以能够很好地保护当中的食材。在下入油锅时，需要注意高温油炸面衣容易散开。

米饼粉。将柿种用料理机打碎制成。炸过之后颜色容易变深，需要多加注意。

这是一种将香煎糙米、白芝麻和干面包糠一起放入料理机中打碎而制成的面衣。能让食物炸得焦香酥脆。

将咸味煎饼打碎制成。

将7份粉色糯米粉和3份干面包糠放入料理机中打碎制成。为了显示出糯米粉的颜色，炸的时候不要将颜色炸得过深。

葱面糊。磨碎的楼葱（亦称羊角葱、龙爪葱）即便是炸过，也会保留其鲜艳的颜色。

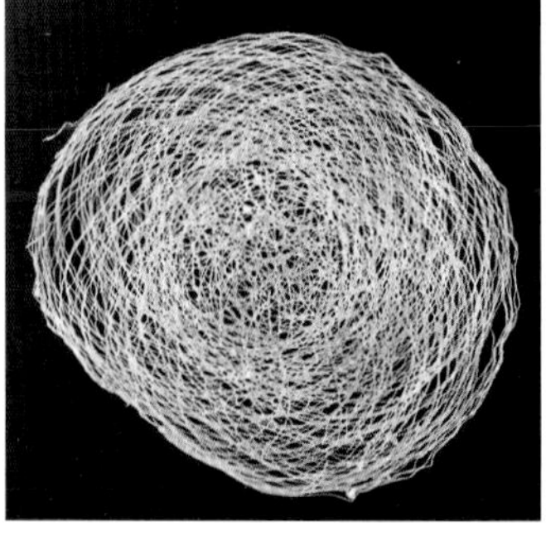

米线网。炸过之后口感很不错，形似蕾丝的透明感也很美观。因为可以透出里面，所以也可以用在色彩艳丽的甜点等食物上。米线网在热油中也能调整形状。

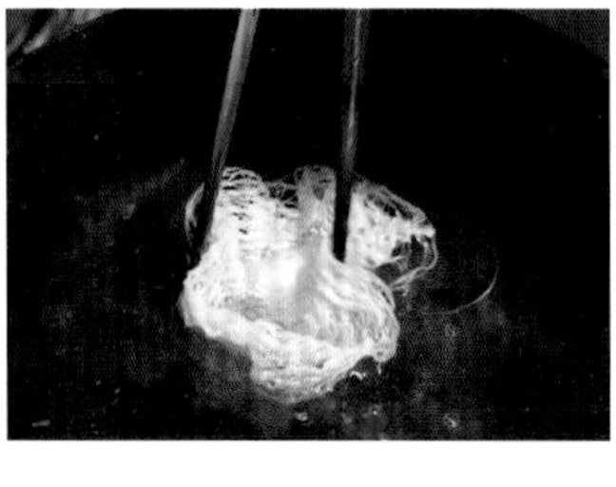

第二章 蔬菜油炸料理

海老芋汤品

莲

海老芋煮到入味，稍微炸过之后，再用炭火烤一烤，就能够激发焦香味，还能够将油烤出来。搭配用白味噌调味的海老芋浓汤。

温度时间：170 ℃炸 3 分钟。
预想状态：中火慢炸，让海老芋中间熟透。

海老芋
卤汁（高汤 500 mL、淡口酱油 100 mL、味醂 50 mL、砂糖 100 g）
低筋面粉、油

浓汤
……海老芋泥（海老芋、第一道高汤、盐、白味噌）
……第一道高汤

柚子皮

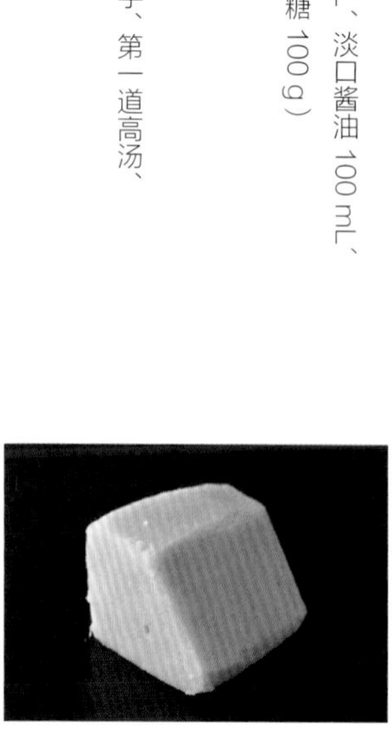

1 将海老芋切块，切成适合放在碗中的大小，中小火上锅蒸 40 分钟。这一步如果用煮不用蒸，汤汁会变得浑浊。为了避免海老芋散开，在卤之前最好上锅蒸一下。

2 将卤汁的材料放在一起煮沸，再放入 1 的海老芋，小火煮 15 分钟。关火后，浸泡在卤汁中冷却。放置一天使其入味。

3 准备浓汤。先处理好海老芋。在第一道高汤中加盐和白味噌调味，放入切成小块的海老芋煮 20 分钟。随后用搅拌机打成糊状。这里需要做得浓稠一些，在上菜时用等量的第一道高汤化开。

4 将 2 的海老芋沥干，撒上低筋面粉后，油温 170 ℃下锅炸，炸至中间熟透。

5 将 4 的海老芋放在炭火上烤，烤出油分和焦香味后，盛在碗中。

6 用第一道高汤将浓汤糊加热化开，倒入碗中。撒上柚子皮碎。

煮海鳗棒寿司 发丝紫苏

西麻布 大竹

将切成细丝炸制的紫苏放在煮海鳗棒寿司上，便能够增添口感、香气和色彩。这里介绍的是将炸香料蔬菜添加在料理上的方法。

温度时间：180 ℃炸 30 秒。
预想状态：要炸得均匀。注重颜色。

煮海鳗
海鳗…1 条
卤汁（浓口酱油 200 mL、味醂 100 mL、昆布高汤 100 mL、日本酒 100 mL）

醋饭
米饭…2 量米杯米煮出的量
寿司醋*

青紫苏、油

*将 50 mL 醋、20 g 砂糖、5 g 盐和适量的昆布混合在一起。不需要加热，直接合在一起便可。

1 制作煮海鳗。将海鳗从背部剖开，在皮上淋热水，去除黏液。再将海鳗放入锅中，倒入卤汁漫过海鳗，开火煮。盖上盖子小火煮 25 分钟后，静置冷却。

2 在米饭中倒入寿司醋，搅拌均匀，排出空气之后做成醋饭。在竹帘上铺上一层保鲜膜，将煮鳗鱼擦干，鱼皮朝上放置，再放上捏成棒状的醋饭。

3 从边缘卷起竹帘，适当按压。

4 紫苏叶切丝后沥干，油温 180 ℃下锅快速油炸，随后用吹风机吹干。

5 将 3 的棒寿司从竹帘上取下，先包着保鲜膜切断，随后取下保鲜膜。放上 4 的紫苏。

大浦牛蒡和牛筋

Mametan

将与牛筋一起炖煮的大浦牛蒡切厚块，裹上较为浓稠的天妇罗面糊油炸，避免炸焦。这道料理的关键就在于柔软的牛蒡和面衣的口感对比。

温度时间：170 ℃炸 2~3 分钟。
预想状态：**将牛蒡炸至酥脆爽口，并带有焦香味。**

大浦牛蒡
牛筋
卤汁（水 10 ：日本酒 1 ：浓口酱油 1 ：砂糖 0.5 ：味醂 0.5，生姜、洋葱、大葱各适量）、溜酱油
较为浓稠的天妇罗面糊（低筋面粉、蛋黄、水）、油
卡马格海盐、黑色七味辣椒粉、芽葱

1 先将大浦牛蒡和牛筋分别煮熟，然后一同放进大量的卤汁中炖煮。沸腾之后转小火煮 1 小时左右。如果卤汁少了便要加水。
2 关火后静置一晚，第二天再煮 1 小时左右，加入少量溜酱油后冷却。
3 将牛蒡切成 2 cm 厚的圆块，随后取适量卤牛筋一起加热。
4 取出牛蒡，裹上较为浓稠的天妇罗面糊，用手指抹去多余的面糊，只保留薄薄一层面糊，油温 170 ℃下锅炸 2~3 分钟。
5 在 **4** 的牛蒡上撒上盐后装盘，用 **3** 的卤牛筋代替羹汤淋在上面，撒上黑色七味辣椒粉。最后摆上切好的芽葱。

堀川牛蒡 炸虾真丈
堀川牛蒡酱

旬菜 小仓家

直径 5~6 cm、长约80 cm、重约 1 kg 的堀川牛蒡是京都的传统蔬菜之一。人们常常利用它的形状，在中间塞满馅料来制作料理。除了真丈外，也可以塞鸡肉馅或者鸭肉馅。

温度时间：160 ℃炸 3 分钟。
预想状态：低温慢炸，炸至虾真丈完全熟透。

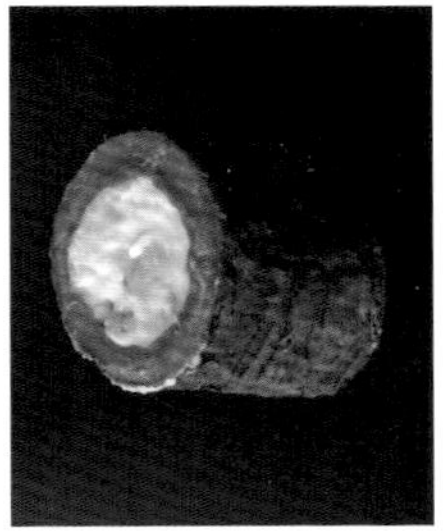

堀川牛蒡、卤汁（高汤 9 ：浓口酱油 1 ：味醂 1）
虾真丈（容易制作的分量）
- 去壳虾肉…500 g
- 白鱼肉泥…500 g
- 蛋黄酱 *…200 g

蛋清、马铃薯淀粉、油

堀川牛蒡酱（煮过的堀川牛蒡、卤汁）

*在碗中打入 3 个蛋黄，用打蛋器打发后慢慢加入 180 g 色拉油搅拌，制成蛋黄酱。

1 将堀川牛蒡清洗干净后切成可放入压力锅的长度，随后放入压力锅中，倒入水和少量醋（未在食谱分量内）炖煮 20 分钟，待牛蒡变软后捞出并清洗干净。

2 先将卤汁调配好，随后将 1 的堀川牛蒡放入卤汁中煮 20 分钟。煮好后取一部分牛蒡趁热制作牛蒡酱。其余静置冷却入味。牛蒡冷却好后切成 4~5 cm 厚的圆块，将中心挖空。

3 制作虾真丈。将 500 g 白鱼肉泥和 200 g 蛋黄酱放在搅拌机里搅打。用刀剁碎去壳虾肉，一同加进去。

4 把真丈填进 2 的牛蒡中。依次裹上蛋清液和马铃薯淀粉，油温 160 ℃下锅炸，炸至真丈完全熟透。

5 制作堀川牛蒡酱。趁热将 2 煮过的堀川牛蒡放入料理机中打碎，然后再倒入锅中，慢慢加入卤汁开火熬煮，调整成合适的浓稠度。

6 将 4 的牛蒡干净利落地切开，纵向对半切成便于食用的大小。将 5 的酱料在盘中铺平后再放上切好的牛蒡。

堀川牛蒡塞鸭肉馅

莲

堀川牛蒡蒸过之后略带甜辣味，在中间填入鸭肉馅后更能激发其美味。油炸过后的牛蒡表皮酥脆，富含油脂的浓郁感。

温度时间：165 ℃炸 4 分钟，慢慢提高油温到 180 ℃炸 2 分钟。
预想状态：低温慢炸，让鸭肉完全熟透。

堀川牛蒡
卤汁（高汤 500 mL、浓口酱油 150 mL、味醂 80 mL、砂糖 60 g）
鸭肉馅（鸭里脊、大葱、姜汁）
低筋面粉、稀面糊（低筋面粉 3 ：玉米粉 1 ：碳酸水 1.5）、油

羹汤（高汤 300 mL、浓口酱油 80 mL、味醂 20 mL、有马山椒 10 g、葛粉适量）
葱白丝、黑色七味辣椒粉

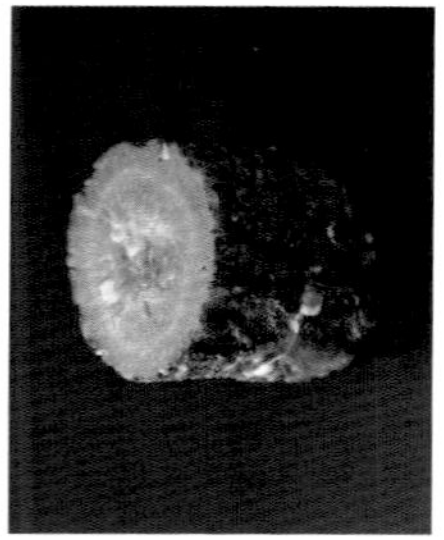

1 堀川牛蒡直接上锅蒸 1 小时左右，变软即可。
2 将卤汁材料混合起来，把蒸过的牛蒡放进去煮 15 分钟左右使其略带甜辣味，静置冷却。
3 制作鸭肉馅。鸭里脊去皮后切大块，同剁碎的大葱和姜汁混合搅拌均匀。
4 将 2 的堀川牛蒡切成 1.5 cm 厚的圆块，中心挖空，塞入 3 的鸭肉馅，再将两个牛蒡叠在一起。撒低筋面粉后裹上稀面糊，油温 165 ℃下锅炸，炸至鸭肉熟透即可。最后提高油温，起锅沥油。
5 同时准备羹汤。将浓口酱油、味醂、敲碎的有马山椒一同放入高汤中加热，随后慢慢加入葛粉水勾芡。
6 将 4 的食材装盘，淋上 5 的羹汤，最后放上葱白丝，撒上黑色七味辣椒粉。

照烧脆牛蒡

西麻布 大竹

将已经入味的牛蒡反复炸2次，不同品种的牛蒡也可能需要炸3次才能激发其香味，再拌上甜辣口味的酱汁，这是一道适合作为下酒菜的料理。

温度时间：175℃炸5分钟，取出2分钟，175℃复炸5分钟。
预想状态：分次油炸，以防炸焦，需要好好去除水分。

牛蒡
汤底（第一道高汤、盐、淡口酱油）
马铃薯淀粉、油
酱汁（浓口酱油100 mL、味醂150 mL、溜酱油70 mL、日本酒50 mL、冰糖150 g）
辣椒粉、万能葱（切葱花）

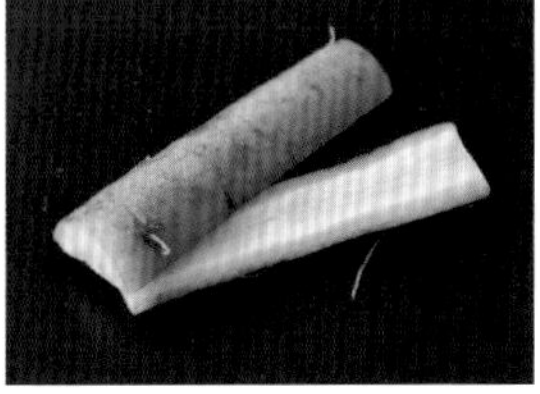

1 将牛蒡切成5 cm长，便于食用的大小。焯过水后再浸泡在汤底中腌入味。

2 将牛蒡擦干，裹上马铃薯淀粉后，油温175℃下锅炸5分钟。取出后利用余温加热2分钟。随后复炸，完全炸干牛蒡中的水分。炸至酥脆后起锅沥油。

3 在平底锅中倒入酱汁材料，开火炖煮。

4 待酱汁变浓稠后，将**2**的牛蒡放进去搅拌，再加入葱花和辣椒粉，混合搅拌均匀后装盘上桌。

红薯片

楮山

将5种炸红薯片分开装，在吃的时候便可比较。这道菜的重点在于凸显红薯片的咸味。图片上从12点方向按照顺时针排列的依次是安纳芋、红遥、五郎岛金时、silk sweet、红东。

温度时间：160 ℃炸5分钟，最后油温升至170 ℃。

预想状态：低温炸掉红薯中的水分。注意不要炸焦。

红薯（安纳芋、红遥、五郎岛金时、silk sweet、红东）

油、盐

黄豆粉砂糖（黄豆粉100 g、绵白糖50 g）

1 红薯削皮后切成薄片，清水冲洗20分钟，适当去除淀粉。

2 用厨房纸擦干之后，油温160 ℃下锅炸5分钟，把红薯片的水分炸干。最后提高油温，这样便不会太油腻。

3 起锅后立马撒上盐，沥油。

4 将黄豆粉和绵白糖混合成黄豆粉炒糖。

5 在容器里倒入黄豆粉砂糖，将不同种类的红薯片插在上面摆盘。为了方便区分，在上菜时要加上名片。

红薯脆条

雪椿

红薯条、黑胡椒和孜然混搭出一种独特的香味，非常适合当作下酒菜。红薯炸的程度和糖衣的水分含量均会影响红薯条的硬度，可以按照自己的喜好加以调整。

温度时间：120 ℃炸 15~20 分钟。
预想状态：低温炸干红薯的水分。

红薯（红东）…150 g
油
糖衣（粗糖 30 g、水 20 mL、盐 0.5 g、孜然粉 3 g、黑胡椒 1 g）

1 将红薯切成 5 mm 粗的条状，清水冲洗 10~15 分钟后擦干。
2 油温 120 ℃下红薯条，炸 15~20 分钟，慢慢炸干水分，使其口感酥脆。
3 准备糖衣。在平底锅中下入糖衣的所有材料煮沸，随后倒入 2 的红薯条中火翻拌。等到汁收干后便可取出，铺开放凉。

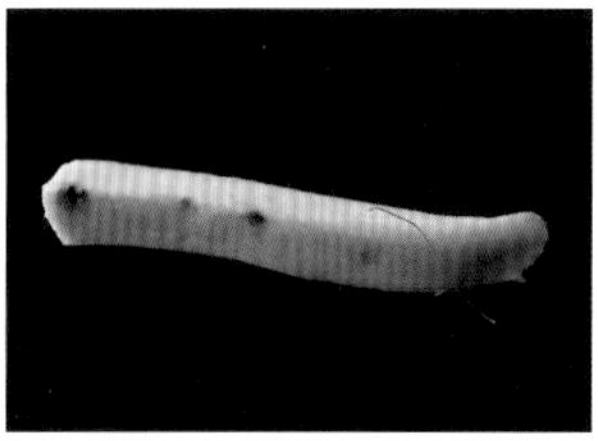

新马铃薯爽脆沙拉

西麻布 大竹

将油炸后的新马铃薯放在切成丝的沙拉上，能够享受到油脂的浓郁和蔬菜的清新爽脆。

→做法详见第 98 页

西葫芦花包玉米嫩虾

旬菜 小仓家

西葫芦花易熟，但真丈却不易熟，因此要注意不要把西葫芦花炸焦了。混在真丈中的虾需要切大块，以保留颗粒感。

→做法详见第 98 页

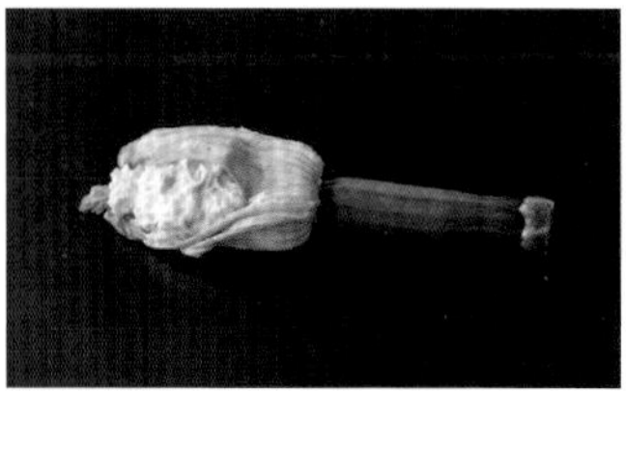

炸荷兰豆虾真丈配蛤蜊豆羹

久丹

豌豆荚吃起来比较清爽。在豌豆荚中塞入虾真丈，油炸之后再淋上带有蛤蜊甘甜味的豌豆羹，制成了一道带有春天气息的料理。

→做法详见第 99 页

新马铃薯爽脆沙拉

西麻布 大竹

温度时间：175 ℃炸 50 秒，最后油温升至 180 ℃。
预想状态：散放在高温油锅中，快速油炸，避免颜色炸得过深。

新马铃薯（切丝）
油、盐

菜丝沙拉（萝卜、胡萝卜、青紫苏、蘘荷、小黄瓜）
酱油冻（容易制作的分量）
第一道高汤…175 mL
淡口酱油…25 mL
味醂…25 mL
吉利丁…4 g

1 准备酱油冻。在第一道高汤中加入淡口酱油和味醂，开火加热，然后加入泡软的吉利丁后搅拌融化。起锅后倒入密封容器中冷却凝固。凝固后便可搅碎。
2 将沙拉用的蔬菜切丝，泡在水中去涩，随后捞起沥干。
3 将马铃薯丝快速冲洗一下，去除表面淀粉，然后擦干。油温 175 ℃下散开的马铃薯丝，提高油温后浮起来便可取出沥油，撒上盐，静置冷却。
4 将沙拉装盘，放上大量的马铃薯丝。周围摆上1的酱油冻。

西葫芦花包玉米嫩虾

旬菜 小仓家

温度时间：160 ℃炸 3~4 分钟。
预想状态：低温慢炸，炸至真丈熟透。

西葫芦花
内馅（玉米、虾真丈*）
马铃薯淀粉、油
盐

*将 500 g 虾去壳后大致切一下。在料理机中加入 500 g 白鱼肉泥和 3 个蛋黄量的蛋黄酱**打匀，然后加入切好的虾肉。
**在碗中打入 3 个蛋黄，用打蛋器打发后慢慢加入 180 mL 色拉油搅拌，制成蛋黄酱。

1 准备内馅。在虾真丈中加入适量新鲜的玉米粒。
2 将西葫芦花的花蕊摘除，在内侧用刷子刷上马铃薯淀粉，并取1的 40 g 内馅塞入。
3 西葫芦花外侧裹上马铃薯淀粉，油温 160 ℃下锅炸。注意不要把花炸焦。起锅沥油后装盘，撒上盐。

炸荷兰豆 虾真丈
配蛤蜊豆羹

久丹

温度时间：170 ℃炸 3 分钟。
预想状态：中温慢炸，炸至中间的真丈完全熟透。

荷兰豆、葛粉
竹节虾真丈（容易制作的分量）
……竹节虾…300 g
……嫩洋葱（剁碎）…30 g
……蛋黄酱*…30 g
……葛粉…少量
天妇罗面糊（低筋面粉、水）、油

豆羹
……荷兰豆
……蛤蜊高汤（蛤蜊适量，日本酒 1 ：高汤 0.5 ：水 2.5）
柚子皮（切丝）

*在碗中打入 1 个蛋黄，用打蛋器打发后慢慢加入 40 mL 色拉油搅拌，制成蛋黄酱。

1 剥开荷兰豆荚，取出荷兰豆。

2 制作竹节虾真丈。将竹节虾去头剥壳后剁碎。与嫩洋葱、蛋黄酱和适量葛粉混合搅拌均匀。

3 在荷兰豆荚内侧用刷子刷上葛粉，将真丈填入。

4 制作豆羹。首先准备蛤蜊高汤。将蛤蜊壳清洗干净，按照比例将日本酒、高汤和水混合，随后放入蛤蜊加热。待蛤蜊开口之后便可关火，捞出蛤蜊取肉。

5 加热蛤蜊高汤，放入荷兰豆的豆子。待豆子煮熟后，再重新将蛤蜊肉放回，以画圆的方式搅拌高汤，慢慢加入葛粉水勾芡，做成豆羹。

6 将3的荷兰豆裹上天妇罗面糊，中温（170 ℃左右）炸熟。待中间的真丈炸熟后，便可起锅沥油。

7 将6的食材装盘，淋上5的热豆羹。最上面放上切成丝的柚子皮。

蚕豆吉拿棒

楮山

这是一道非常适合当作前菜的点心，也可以用在自助宴席上。吉拿棒面糊挤出来后先冷冻，冷冻后再炸就能够炸得非常漂亮。

→做法详见第 102 页

裹粉炸蚕豆馒头

莲

炸过的蚕豆馒头再用炭火烤一烤，会激发出如烧饼的焦香味。干海鼠子（晒干的海参卵巢）的咸味和蚕豆非常匹配，最适合当下酒菜。

→做法详见第102页

炸蚕豆

久丹

淡绿色的蚕豆夹住浅红色的虾真丈，这是一道带有春天气息的料理。裹面包糠炸容易显得厚重，但又想要增添香气，可以用果汁机将面包糠打细做成轻巧的面衣。

→做法详见第103页

蚕豆吉拿棒

椿山

温度时间：160 ℃炸 5 分钟。
预想状态：因为想要炸得轻巧些，所以表面应炸得酥脆但不要太硬。

蚕豆泥（蚕豆、盐）…80 g
黄油…50 g
牛奶…30 g
水…70 g
低筋面粉…80 g
蚕豆…适量
油

糖粉

1 制作蚕豆泥。将蚕豆去除豆荚后放入盐水中煮，一部分用滤网压碎过滤，另一部分打碎。
2 锅中下入黄油，开火熔化，加入牛奶和水混合均匀。然后倒入低筋面粉开火搅拌。待搅拌至顺滑后，加入 80 g **1** 的蚕豆泥混合均匀，做成馅料。
3 将 **2** 的馅料装进裱花袋。在烤盘中铺上烘焙纸，挤出 5~6 cm 长的条状。撒上 **1** 打碎的蚕豆后直接冷冻。
4 油温 160 ℃下冷冻后的吉拿棒。待到稍微变色即可取出，撒上一些糖粉。这一步的目的是让吉拿棒轻巧且口感酥脆。
5 将新鲜的蚕豆和吉拿棒一起装盘。

裹粉炸蚕豆馒头

莲

温度时间：180 ℃炸 2 分钟。
预想状态：由于内馅是熟的，所以只需要炸好面衣，保持内馅温热即可。

蚕豆、盐
低筋面粉、稀面糊（低筋面粉 3 ：玉米粉 1 ：碳酸水 1.5）、油

干海鼠子

1 将蚕豆连豆荚一起上锅蒸 20 分钟。
2 将蚕豆取出后平铺在烤盘上密封冷却，去掉豆荚和皮后用滤网压碎过滤。如果太硬的话可以加一点水稀释。加盐调味后捏成 35 g 一个的圆球。
3 用刷子在 **2** 上刷低筋面粉后，裹上稀面糊，油温 180 ℃下锅炸。炸至表面酥脆即可取出，再放在炭火上烤至金黄色，增添焦香味。
4 搭配烤过的干海鼠子。

炸蚕豆

久丹

温度时间：蚕豆 160 ℃炸 2 分钟，最后温度升至 180 ℃。虾头 160 ℃炸 1 分钟，最后温度升至 180 ℃。

预想状态：蚕豆需要好好炸熟，以蚕豆的热去加热内部的真丈。搭配的虾头需要好好炸干脱水。

蚕豆、葛粉

竹节虾真丈（容易制作的分量）

- 竹节虾…300 g
- 嫩洋葱（剁碎）…30 g
- 蛋黄酱 *…30 g
- 葛粉…少量

低筋面粉、蛋液、干面包糠（颗粒细致款）、油

盐

*在碗中打入 1 个蛋黄，用打蛋器打发后慢慢加入 40 mL 的沙拉油搅拌，制成蛋黄酱。

1 制作竹节虾真丈。将竹节虾去头剥壳后剁碎。与嫩洋葱、蛋黄酱和适量葛粉混合搅拌均匀。

2 剥去蚕豆豆荚，去皮之后掰开。在豆子内侧用刷子刷上葛粉。

3 用 **2** 的蚕豆荚夹住 **1** 的真丈。用刷子刷上低筋面粉后，裹上蛋液和干面包糠。

4 油温 160 ℃下锅慢炸，浮起后提高油温至 180 ℃起锅。

5 把虾头擦干，油温 160 ℃先下锅炸，最后提高油温至 180 ℃，炸至酥脆。

6 将 **4** 的食材装在豆荚上，再摆上虾头和樱花枝。

炸猪肉片包红心萝卜和绿心萝卜

旬菜 小仓家

展现红绿萝卜的色彩之美。萝卜外侧卷上与之非常相配的猪肉，增添美味和浓郁感。

→做法详见第106页

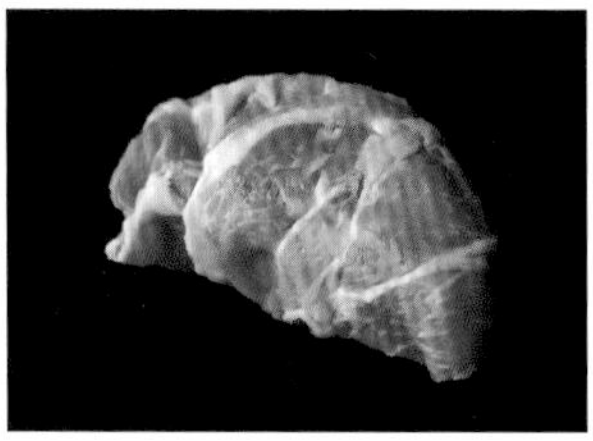

炸扇形笋白

莲

先在炭火上将竹笋烤一遍，浓缩其甘甜的味道，加上酱油增香后再油炸。为了凸显竹笋本身的味道，面衣需要薄一些。

→做法详见第106页

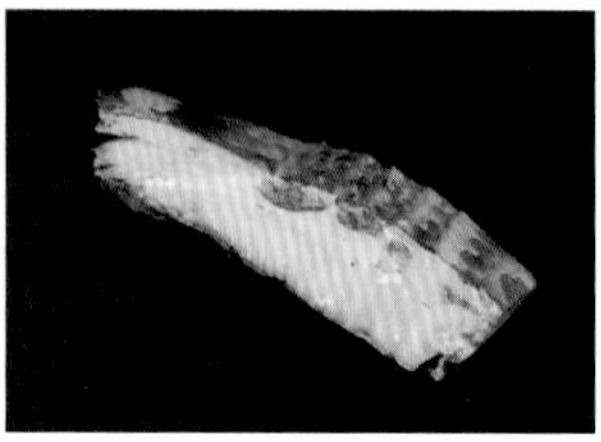

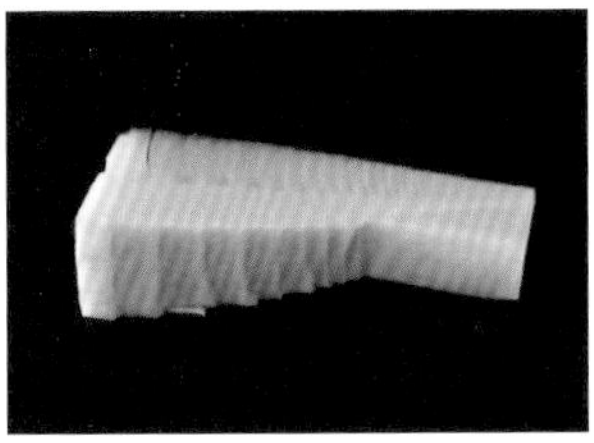

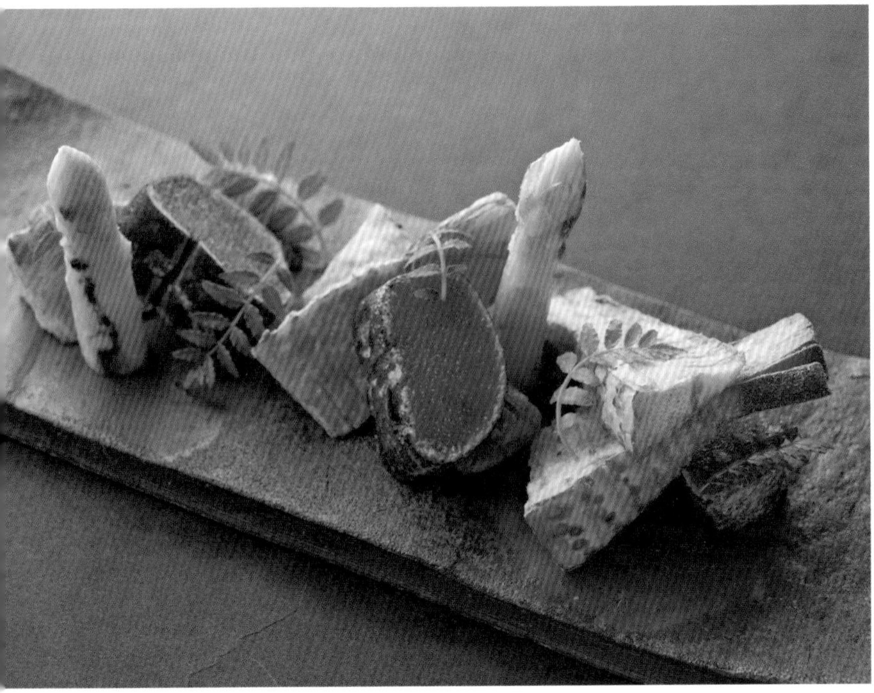

炸年糕竹笋　烤乌鱼子

楮山

竹笋沾上糯米粉后炸至酥脆，乌鱼子烤至散发焦香味，两者相互辉映，这是一道富有春天气息的料理。竹笋需要提前煮熟并稍稍调味。

→做法详见第 107 页

炸竹笋拌花椒嫩叶醋味噌

根津竹本

这是一道温热的醋味噌拌菜。将刚炸好起锅的竹笋拌上花椒嫩叶醋味噌，味噌愈发醇厚，散发醋香和花椒嫩叶的香味。

→做法详见第 107 页

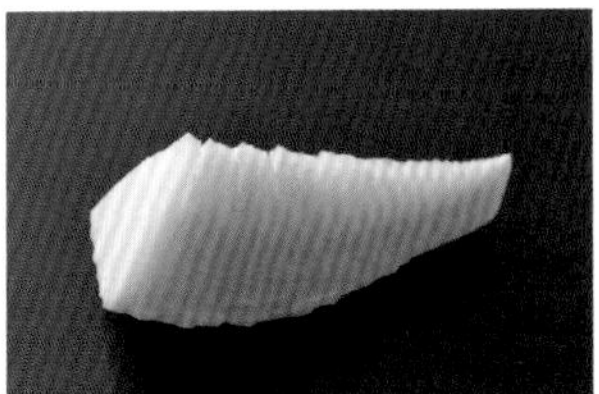

炸猪肉片包红心萝卜和绿心萝卜

旬菜 小仓家

温度时间：170 ℃炸 2 分钟。

预想状态：因为想要展现萝卜的鲜艳色彩和口感，所以不能炸得太老。用猪肉包住萝卜，将萝卜炸至如同蒸出来般的口感。

红心萝卜
绿心萝卜
猪里脊肉（薄片）
马铃薯淀粉、油
岩盐

1 将红心萝卜和绿心萝卜切厚块（长 4.5 cm × 宽 3 cm × 厚 3 cm）。

2 用猪里脊肉片薄片包卷萝卜。

3 用刷子刷上马铃薯淀粉，油温 170 ℃下锅炸。将萝卜炸至如同蒸出来般的口感。

4 起锅后将两端切整齐并装盘。搭配岩盐。

炸扇形笋白

莲

温度时间：170 ℃炸 3 分钟。

预想状态：因为竹笋已经是温热的，所以快速油炸一下让面衣熟透即可。

竹笋（去涩）
高汤酱油（高汤 1 ：浓口酱油 1）
低筋面粉、白面糊（水 1 ：马铃薯淀粉 1）、油
白玉味噌 *、花椒嫩叶

*将 500 g 白味噌、4 个量的蛋黄、45 mL 日本酒、45 mL 味醂、110 g 砂糖混合后上锅加热，慢慢搅匀。

1 将笋尖切成扇形，以串烧的方式在炭火上烤一烤。中途刷一遍高汤酱油。

2 将 1 的竹笋撒低筋面粉，过白面糊，油温 170 ℃下锅炸。

3 炸好后摆放在烤过的笋皮里装盘，撒上花椒嫩叶。搭配适量的白玉味噌。

炸年糕竹笋 烤乌鱼子

椿山

温度时间：180 ℃炸 2 分钟。

预想状态：在高温的油中一气呵成，既保留竹笋的多汁感，又使其表面酥脆。

竹笋（去涩）

卤汁（高汤 10 ：淡口酱油 1 ：味醂 1，盐少量）

糯米粉、油

乌鱼子

……乌鱼卵、盐水、盐

……卤汤（日本酒 2.5 L、米烧酒 1 L、淡口酱油 300 g、味醂 50 g、木鱼花 30 g、昆布 1 片）

白芦笋、盐、色拉油

花椒嫩叶

1 竹笋切扇形，放入调好的卤汁中炖煮。水沸后转小火继续煮 10 分钟左右，随后倒入密封容器中，用冰水快速冷却。

2 擦干 1 的竹笋，裹上糯米粉后，油温 180 ℃下锅炸至表面酥脆。

3 白芦笋以盐水焯一下，在锅中下入色拉油，倒入白芦笋翻炒。最后加盐调味。

4 乌鱼子处理方式如下：将乌鱼卵浸泡在水中去除血水。随后放入同海水浓度相当的盐水中浸泡 3 小时，然后擦干，抹上盐后静置 6 小时。

5 将卤汤的材料混在一起，最后放入用厨房纸包裹好的木鱼花和昆布。将乌鱼卵的盐分洗净，放入卤汁中浸泡一天。取出后风干 2~3 天，在半熟状态下抽真空冷冻保存。使用时再放入冰箱冷藏室解冻。

6 将竹笋、用喷火枪烤过的乌鱼子、白芦笋装盘，撒上花椒嫩叶。

炸竹笋拌花椒嫩叶醋味噌

根津竹本

温度时间：170 ℃炸 2~3 分钟。

预想状态：为竹笋增添焦香味，使其浅浅上色即可。

竹笋（去涩）、浓口酱油

马铃薯淀粉、油

花椒嫩叶醋味噌（白玉味噌 *8 ：醋 1，花椒嫩叶适量，黄芥末少量）

*将 100 g 白味噌、1 个量的蛋黄、15 g 砂糖、15 mL 味醂、100 mL 日本酒混合后上锅加热，慢慢搅匀。

1 笋尖切成扇形，放入碗中，再加入少量浓口酱油。加上酱油后炸出来的颜色较为可口。

2 撒上马铃薯淀粉，喷上少量的水，油温 170 ℃下锅炸。喷点水能让面衣更加牢固。

3 制作花椒嫩叶醋味噌。在碗中放入切好的花椒嫩叶，加入白玉味噌、醋、黄芥末（根据个人喜好调节辛辣程度）搅拌均匀。

4 等到竹笋炸至颜色金黄、香气四溢时便可起锅沥油，趁热加入花椒嫩叶醋味噌搅拌均匀。

炸竹笋配新芽羹

久丹

一早挖出来的竹笋有着竹笋最纯正的本味，将其直接油炸，再黏附银色羹底的新芽羹，油脂的浓郁感十足。

→做法详见第 110 页

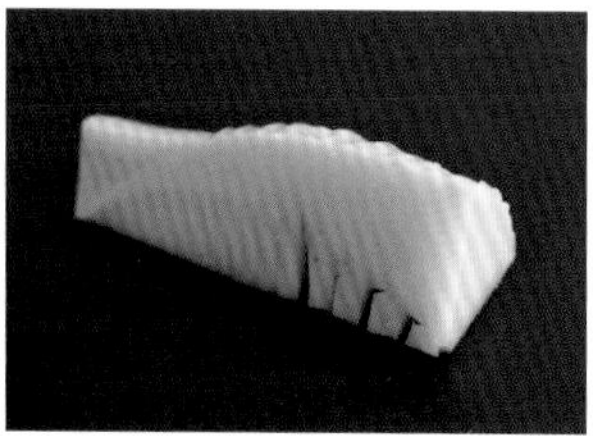

炭烤洋葱

莲

这是嫩洋葱当季时的一道料理。虽然嫩洋葱蒸过之后吃起来会非常清爽，但是炸过之后能够浓缩其甘甜，并且洋葱的糖分烧焦后会带有焦香味。最后涂上高汤酱油，在炭火上烤制会更加美味。

→做法详见第 110 页

洋葱绉绸炸

Waketokuyama

这是一道在洋葱表面沾满杂鱼仔然后下锅油炸的人气料理。太大的杂鱼不好食用，因此选小的杂鱼仔油炸口感较好。

→做法详见第111页

炸带叶洋葱凉拌毛蟹与金枪鱼丝

Mametan

春天的带叶洋葱和油特别相配，搭配毛蟹成为一道下酒菜。炸过的带叶洋葱有些油腻，用烤箱烤过便能烤出油分。再用高汤酱油激发带叶洋葱的甘甜。

→做法详见第111页

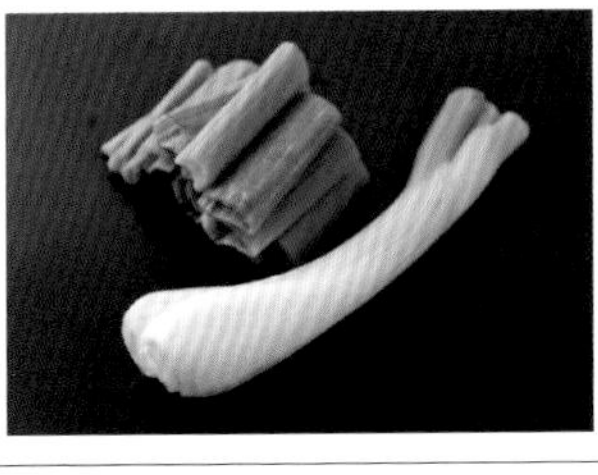

炸竹笋配新芽羹

久丹

温度时间：180 ℃炸 2 分钟。
预想状态：因为已经煮熟，所以只需要让竹笋中间变热即可。用较高的温度把表皮炸得酥脆。

竹笋（现采）
卤汁（高汤 10~12：淡口酱油 1：味醂 1）
油

新芽羹（新鲜裙带菜、高汤、盐、淡口酱油、葛粉）
花椒嫩叶

1 竹笋去皮。整个放进卤汁中煮沸。沸腾后转小火煮 4~5 分钟，随后在锅中静置冷却。
2 制作新芽羹。将新鲜裙带菜快速焯水。
3 在高汤中加入盐和淡口酱油，调成浓厚的汤汁。沸腾后慢慢加入淀粉水勾芡，做成银色羹底。
4 竹笋切成扇形并擦干，油温 180 ℃下锅炸至香酥。
5 将 **2** 的裙带菜放进 **3** 的羹底里加热，把刚炸好的竹笋在羹底中快速过一遍后便可装盘，淋上新芽羹，撒上花椒嫩叶。

炭烤洋葱

莲

温度时间：160 ℃炸 3 分钟。
预想状态：好好加热，适当去除洋葱的水分，浓缩甘甜味。不要炸得太软。

嫩洋葱
油
高汤酱油（高汤 1：浓口酱油 1）

1 嫩洋葱剥皮，剥到只剩下一层表皮后均分成 4 份。用牙签固定，以防散开，油温 160 ℃炸 3 分钟。需要注意高温油炸时洋葱易散开。
2 取出沥油，利用余温加热。
3 穿起来后架在炭火上烤，中途要刷 2~3 遍高汤酱油。最后高温烘烤，烤出油分。
4 拔掉烤串，连皮装盘。

洋葱绉绸炸

Waketokuyama

温度时间：160 ℃炸 1 分 30 秒，最后 170 ℃炸 30 秒。
预想状态：高温油炸时外层的杂鱼仔会散开。最开始需要低温油炸，炸出洋葱的甘甜味。

嫩洋葱
低筋面粉、面糊（低筋面粉 60 g、水 60 mL）
杂鱼仔
油

1 洋葱切成 1.5 cm 厚的半月形，用牙签固定以免散开。由于洋葱切开后放一段时间便会变形，所以最好要用的时候再切。
2 在洋葱上用刷子刷上低筋面粉后，裹上面糊。在烤盘上铺上杂鱼仔，用裹面包糠的诀窍来让洋葱沾上杂鱼仔，稍微压一压避免有空隙。
3 油温 160 ℃炸 1 分 30 秒，洋葱熟了之后，提高油温至 170 ℃，炸至酥脆起锅。
4 取出沥油，切成易食用的大小装盘。因为杂鱼仔带有盐味，所以不用撒盐。

炸带叶洋葱凉拌毛蟹与金枪鱼丝

Mametan

温度时间：150 ℃炸 5 分钟，将油温升至 180 ℃后下入葱叶快速油炸。取出后放入 200 ℃的烤箱中烘烤 5 分钟。
预想状态：葱头部分低温慢炸，炸至入口即化并带有甘甜味即可。葱叶部分高温快炸。

带叶洋葱、油
毛蟹、昆布、日本酒、盐
金枪鱼丝（用于凉拌）、高汤酱油 *

金枪鱼丝（用于装饰）

*在浓口酱油中加入木鱼花、昆布和日本酒制成。

1 将毛蟹腿放在铺了昆布的烤盘中，撒上日本酒和盐，上锅蒸 1~2 分钟后去壳。也可以用烤代替蒸的步骤。
2 将带叶洋葱的葱头和葱叶分开。葱头油温 150 ℃下锅炸，慢慢炸，炸出洋葱的甘甜味。然后将油温升至 180 ℃，下入葱叶快速油炸。
3 取出葱头和葱叶并沥油。因为葱叶不太好沥油，所以要放入 200 ℃的烤箱中烘烤 5 分钟烤出油分，便可有酥脆口感。也可以用烤网烤。
4 将带叶洋葱、高汤酱油和金枪鱼丝混合搅拌，与撕开的蟹腿肉交叉叠放摆盘。最上面点缀金枪鱼丝。

辣炒玉米

雪椿

虽然这道菜很少出现在日式料理中，但在盛夏时节，这样一道带有刺激辛辣味的菜品和啤酒或气泡水堪称绝配。这是一道可以用手拿着吃的爆款小吃。

温度时间：150 ℃炸 2~3 分钟。
预想状态：玉米粒有吸满油脂的感觉。类似于中国菜中的过油。

玉米
油
辛香料及香草（花椒、红辣椒、剁碎的香菜、剁碎的大葱、熟芝麻）
盐

1 玉米切成 4 等份，每份再切成 3 等份，方便食用，油温 150 ℃下锅炸。慢慢炸到玉米粒熟透后再沥油。

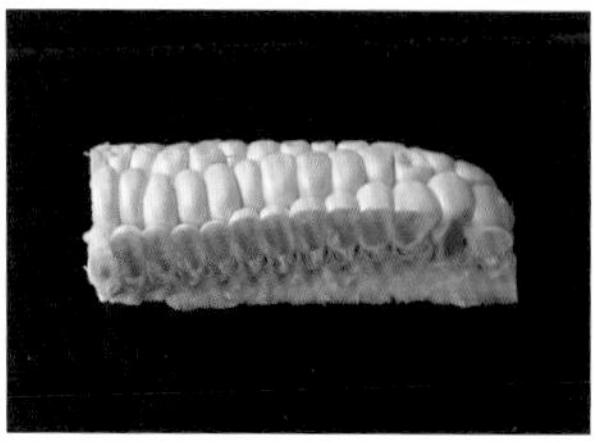

2 平底锅中倒油，放入花椒、红辣椒之后翻炒，炒出香味之后再加入香菜、大葱、熟芝麻和 1 的玉米，加盐调味。

3 翻拌均匀后装盘。

照烧玉米馒头和盐烧青鲑

西麻布 大竹

就像在吃用焦香酱油烧烤出的玉米一样。这道料理将炸好的玉米馒头做成了酱油底的照烧风味。玉米馒头炸好后表面容易吸收酱料，口味较浓。上面摆放盐烧青鲑，中间夹着醋腌藠头，用酸味使这道料理更加爽口。

温度时间：160 ℃炸 4~5 分钟。
预想状态：馒头表面炸至酥脆。

玉米馒头（容易制作的分量）
- 玉米…1 根
- 葛粉…45 g
- 第一道高汤…30 mL
- 淡口酱油、盐、砂糖…各少量

马铃薯淀粉、油
酱料（浓口酱油 50 mL、日本酒 50 mL、味醂 100 mL、冰糖 20 g、溜酱油 20 mL）
青鲑（鱼片）、盐
醋腌藠头（切圆薄片）
万能葱（切葱花）、七味辣椒粉

1 制作玉米馒头。将玉米粒倒入搅拌机中打碎，随后倒入锅中，加入葛粉和第一道高汤混合均匀加热。沸腾后转小火并用木勺搅拌。搅拌至浓稠后加入盐、淡口酱油和砂糖稍微调味。冷却后捏成 30 g 一个的丸子。

2 在青鲑上撒上盐，做成盐烧青鲑。

3 用刷子将 1 的玉米馒头刷上马铃薯淀粉，油温 160 ℃下锅慢炸。炸好后起锅沥油，穿起来做成照烧，大约涂 2 次酱料。

4 将玉米馒头装盘，夹上醋腌藠头后，放上盐烧青鲑。撒上葱花和七味辣椒粉。

翡翠茄子叠炸

Waketokuyama

艳丽的翡翠茄子和白皙的白鱼肉泥叠在一起油炸。松软的鱼肉泥熟透之后会非常柔嫩。

温度时间：170 ℃炸 1 分至 1 分 30 秒。
预想状态：炸的时候尽可能锁住茄子和白鱼肉泥的水分。

长茄子…1 根
白鱼肉泥…200 g
蛋黄酱 *…40 g
低筋面粉、天妇罗面糊（低筋面粉 60 g、水 100 g）、油
盐

*在碗中打入 1 个蛋黄，用打蛋器打发后慢慢加入 120 g 色拉油搅拌，制成蛋黄酱。

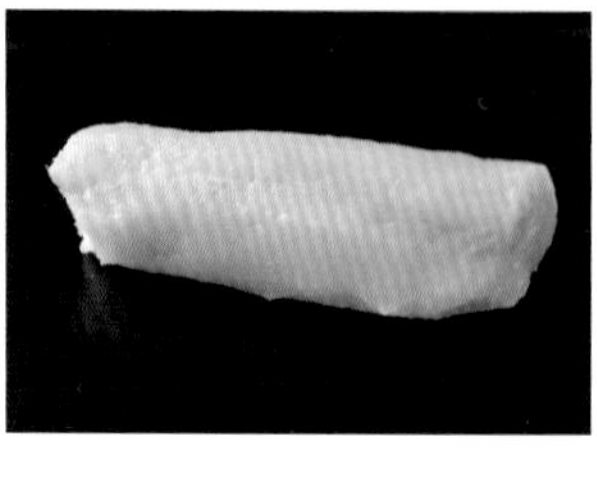

1 制作翡翠茄子。长茄子去头去尾然后对半切开，将带皮的那面朝下，油温 180 ℃下锅炸。炸到用筷子夹后呈凹陷状的柔软程度时便可翻面，快速油炸一下之后放入冷水中，立马剥皮。

2 茄子冷却之后用力挤一下水，随后用脱水垫夹住静置 30 分钟吸水。

3 用研钵将白鱼肉泥研磨顺滑，加入蛋黄酱搅拌均匀。在 2 的茄子的切面用刷子刷上低筋面粉后，裹上一层厚厚的白鱼肉泥。

4 将 3 的材料撒低筋面粉，过天妇罗面糊，油温 170 ℃下锅炸 1 分至 1 分 30 秒，起锅沥油。撒上盐，切成便于食用的大小装盘。

炸茄子和醋腌鲭鱼 白芝麻酱

楮山

炸过的茄子再浸泡在醋中，会有酸酸甜甜的味道，与油脂丰富的醋腌鲭鱼的酸味，既匹配又融合。

「温度时间：170 ℃炸 5 分钟。
预想状态：低温慢炸，让茄子入口即化。」

小茄子、油
醋腌酱料（醋 5 mL、砂糖 1 大勺、盐少量、白胡椒、百里香少量）
醋腌鲭鱼
…鲭鱼、盐、醋、砂糖
酱油腌鲑鱼卵
…鲑鱼卵、腌料（高汤 1：浓口酱油 1：味醂 1）
白芝麻酱*
荚果蕨、盐

*在研钵里放入 100 g 白芝麻、50 g 砂糖、10 g 盐、30 g 醋、30 g 高汤一起研磨搅拌。

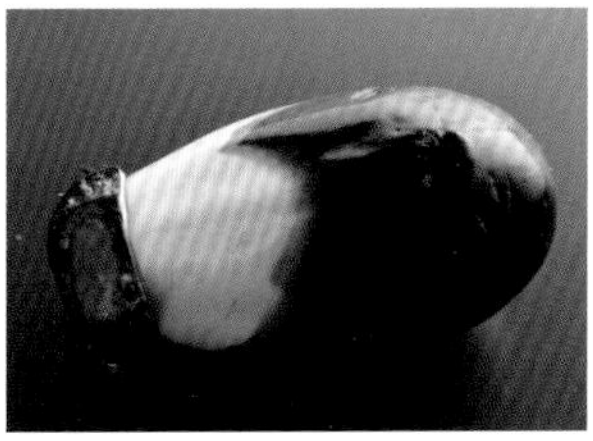

1 将小茄子斜着切开，油温 170 ℃下锅慢炸 5 分钟，起锅沥油。等到茄子放凉后淋上醋腌酱料，再包上一层保鲜膜，放入冰箱中腌渍一天。

2 制作醋腌鲭鱼。将鲭鱼三枚切后，抹上盐静置 40 分钟，再放入有少量砂糖的醋中浸泡 1 小时。待到鲭鱼无法再吸收醋时取出，包上保鲜膜。

3 制作酱油腌鲑鱼卵。在热水中分开鲑鱼卵，在腌料中浸泡 40 分钟后取出沥干，放在密封容器中保存。

4 上菜时先将腌好的鲑鱼卵放在碗中，再将醋腌鲭鱼切片，同 1 的小茄子一起摆在上面。淋上白芝麻酱，再搭配用盐水煮过的荚果蕨。

奶酪炸圆茄子和番茄

旬菜 小仓家

重点在于蔬菜的火候。在熟番茄和熟茄子水分还没流失的时候，最大程度地加热，让当中的奶酪熔化。

温度时间：170 ℃炸 2 分钟。

预想状态：将番茄和茄子裹上浓稠的天妇罗面糊，保证不让其中的水分流失，留存新鲜感。

圆茄子
番茄
熔化奶酪片
低筋面粉、天妇罗面糊（低筋面粉、蛋黄、水）、油
搭配用高汤（高汤 6 ：浓口酱油 1 ：味醂 1）
佐料（青紫苏、蘘荷、芽苗菜）

1 将圆茄子和番茄切成 5 mm 厚的圆片。佐料切丝备用。

2 按照圆茄子、奶酪片、番茄、圆茄子的顺序叠起来，用刷子刷上低筋面粉后，裹上浓稠的天妇罗面糊，油温 170 ℃下锅炸。虽然要让奶酪片熔化，但火候还是不能太过，要让圆茄子和番茄保留新鲜感。

3 起锅后切成便于食用的大小并装盘。淋上调好并加热好的搭配用高汤，最后放上切丝的佐料。

福寿草炸

Waketokuyama

做成蜂斗菜花苞的样子，中间包上奶酪油炸，是富有春天气息的一道料理。裹上薄面衣，仿佛是从雪中刚探出头的样子。由于奶酪熔化后会流出来导致油污，所以起锅时间非常重要。

温度时间：180 ℃炸 30~40 秒。
预想状态：高温快炸。不要炸得变色。

蜂斗菜花
加工奶酪（切块）
低筋面粉、天妇罗面糊（低筋面粉 40 g、水 80 mL、蛋黄半个量）、油
蛋末*

*隔水加热蛋黄，同时用多根筷子搅拌，待蛋黄熟了以后用滤网压碎过滤。在碗中铺上一层和纸，再将过滤后的蛋黄铺在上面，稍微隔水加热一下去油。

1 用刀挖出蜂斗菜花蕾后，在花萼内侧用刷子刷上低筋面粉，塞入加工奶酪。

2 将1的食材周边撒低筋面粉，过天妇罗面糊，油温 180 ℃下锅炸。面衣水分炸干、变得酥脆后，在奶酪熔化前取出。

3 沥油，在顶部切开一条缝，塞入蛋末。

米粉炸白芦笋配蛋黄醋和乌鱼子粉

旬菜 小仓家

这是一道零麸质的油炸料理。用的是米粉面衣，非常适合对小麦过敏或不吃麸质的顾客。需要注意高温下容易炸焦。

温度时间：170 ℃炸 1 分钟。
预想状态：注意火候，要让多汁的白芦笋保持水分。

白芦笋
米粉、米粉面糊（米粉、水）、油
蛋黄醋（容易制作的分量）
……蛋黄 8 个量
土佐醋*…180 mL
乌鱼子粉**

*按照高汤 3：淡口酱油 1：味醂 1：苹果醋 1 的比例混匀后加热冷却。
**将乌鱼子打碎，放入碗中隔水加热 10 分钟左右，然后用滤网压碎过滤。

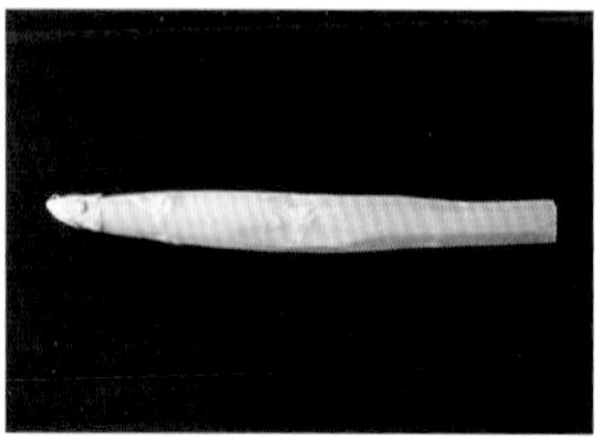

1 准备蛋黄醋。在碗中放入蛋黄和土佐醋，然后隔水加热，同时使用打蛋器搅拌。搅至浓稠后，将碗放入冰水中冷却。冷却后用滤网压碎过滤，使其口感顺滑。

2 剥去白芦笋根部的硬皮，撒上米粉，过稍微泡开的米粉面糊，油温 170 ℃下锅炸 1 分钟，起锅沥油。

3 在盘子中倒入蛋黄醋，放上白芦笋。再撒上大量乌鱼子粉。

填料炸万愿寺辣椒

莲

这是一道夏季蔬菜油炸料理。虽然万愿寺辣椒有红绿两种，但红色的肉比较厚，适合油炸。中间填入煮好的海鳗，再附上与之成绝配的椒盐。

温度时间：160 ℃炸 1 分 30 秒。

预想状态：由于中间填入的海鳗非常柔软，所以要将面衣炸至酥脆才会在口感上形成对比。

万愿寺辣椒

煮海鳗

海鳗…1条

卤汁（日本酒 100 mL、浓口酱油 50 mL、砂糖 20 mL、水 500 mL）

低筋面粉、稀面糊（低筋面粉 3：玉米粉 1：碳酸水 1.5）、油

椒盐（盐、青花椒粉）

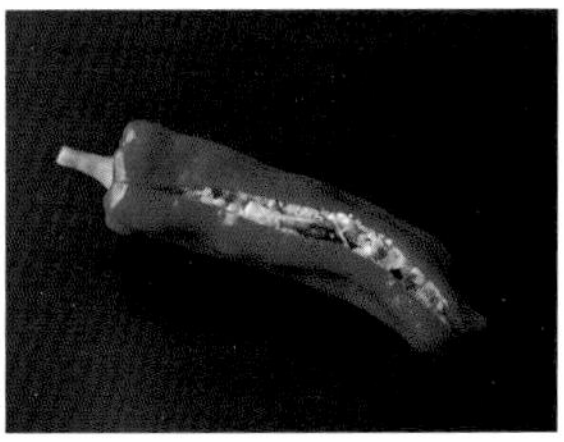

1 准备煮海鳗。海鳗从背部剖开，除去黏液。将海鳗放入卤汁中煮 20 分钟，静置冷却。

2 将海鳗剁成大块。

3 将万愿寺辣椒纵向切开，去籽后塞入 2 的海鳗。

4 将 3 的食材撒低筋面粉，过稀面糊，油温 160 ℃下锅炸。由于万愿寺辣椒表面很滑，所以面糊可以调得稠一点。

5 炸 1 分 30 秒左右让面衣酥脆后，起锅沥油。

6 可以直接装盘，或者切成便于食用的大小再装盘。将盐和青花椒粉混合均匀做成椒盐，一并附上。

百合根和马苏里拉奶酪

旬菜 小仓家

蒸软的百合根用滤网压碎过滤后，与马苏里拉芝士柔和的口味非常契合。用樱花色的糯米粉做成面衣，这是一道非常适合樱花季的特殊油炸料理。若将奶酪换成其他材料，也非常适合当作年夜饭。

温度时间：160 ℃炸 3 分钟。

预想状态：低温油炸，不要将面衣炸到变色。中间的奶酪微微熔化便可起锅。

面团（容易制作的分量）

…百合根…200 g

…马铃薯淀粉…10 g

…薯蓣（磨成泥）…80 g

马苏里拉奶酪（切小块）

低筋面粉、蛋清液、面衣（参见第 86 页右边中间部分）、油

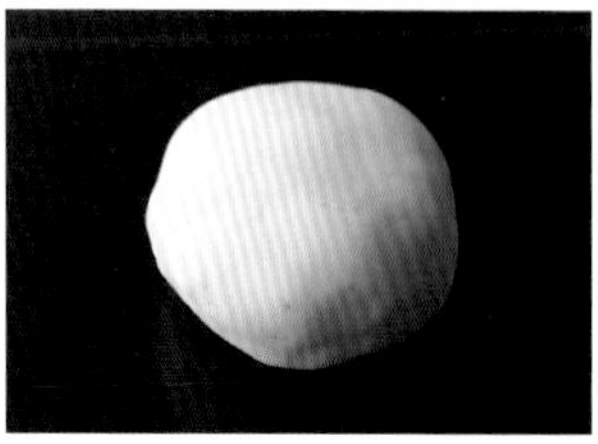

1 将百合根的鳞片一片片剥下来，蒸软之后用滤网压碎过滤。

2 在锅中放入 1 的材料，加入马铃薯淀粉、薯蓣泥，中火熬煮 10 分钟左右。冷却后做成面团。

3 将面团分成 50 g 左右一份，捏成球状后擀开，包入 1 颗马苏里拉奶酪。

4 撒低筋面粉，过蛋清液，再紧紧裹上面衣，油温 160 ℃下锅炸 3 分钟。油温过高便会炸焦，所以要用低温油炸。

5 当面团中微微流出奶酪时，就可以起锅沥油并装盘。

莲藕馒头 葱羹

久丹

将莲藕泥捏成圆球，炸到酥脆，做成莲藕馒头，其味道会让人联想到章鱼烧。在章鱼烧风味的咸甜口酱汁中加入葱圈，满满地淋在莲藕馒头上。

→做法详见第 122 页

炸莲藕

莲

莲藕饼嚼劲十足，莲藕片清脆爽口，同时享用莲藕的两种味道和不同的口感。

→做法详见第 122 页

莲藕馒头 葱羹

久丹

温度时间：180 ℃炸 4 分钟。
预想状态：中间热气腾腾，外层酥脆。

莲藕馒头
莲藕（磨成泥）…100 g
葛粉…25 g
高汤…50 g
熟芝麻…5 g
淡口酱油、盐…各适量
油

葱羹（高汤、淡口酱油、味醂、葛粉、九条葱）
黄芥末

1 制作莲藕馒头。在锅中放入磨成泥的莲藕并开火搅拌。等到发出噗噗声响后，就慢慢加入高汤化开的葛粉，同时仔细搅拌。

2 加盐调味，再加入淡口酱油激发出香气，调成可喝的汤汁的口味。如果原来浑浊的汤底呈现灰色的透明感，就可以加入白芝麻继续搅拌。不好搅动的话就让它再沸腾一下软化，直到完成。静置冷却到常温后，用茶巾拧干。

3 油温 180 ℃下 2 的莲藕馒头油炸。待中间完全熟透、表面酥酥脆脆且焦香四溢时，便可起锅沥油。

4 制作葱羹。为了将炸至焦香的莲藕馒头做成乡村风味，在高汤中加入淡口酱油和味醂调成咸甜口味，再上锅加热。待沸腾后慢慢加入葛粉水勾芡，再加入切成葱圈的九条葱后关火。

5 将莲藕馒头装盘，淋上热气腾腾的葱羹。搭配黄芥末。

炸莲藕

莲

温度时间：莲藕饼 160 ℃炸 2 分钟，最后升温至 180 ℃。
莲藕 170 ℃炸 1 分钟。
预想状态：低温慢炸莲藕饼，直至中间熟透。
莲藕片则脱水炸至金黄。

莲藕（磨成泥与切片）
马铃薯淀粉、油

天妇罗酱汁*
佐料（青海苔、鸭头葱、辣椒萝卜泥）

*将 300 mL 高汤、40 mL 淡口酱油、10 mL 味醂混在一起加热，煮沸后冷却至常温。

1 制作莲藕饼。先将莲藕磨成泥后拧干，放在烤盘上用蒸笼蒸 20 分钟。取出后仔细搅拌，待黏稠后冷却至常温。

2 将 1 的莲藕泥团成 30 g 一个的丸子，裹上马铃薯淀粉，油温 160 ℃下锅炸 2 分钟后取出。

3 莲藕片 170 ℃炸 1 分钟。

4 在碗中倒入天妇罗酱汁，再放上莲藕饼和莲藕片。搭配青海苔、剁碎的鸭头葱、辣椒萝卜泥。

炸蔬菜沙拉

雪椿

将蔬菜炸至酥脆焦香并带有油脂的浓郁感，再搭配红酒醋制成的酸味沙拉酱，吃起来清爽怡人。

温度时间：140 ℃炸 3~4 分钟。只有牛蒡用 120 ℃炸 6 分钟。
预想状态：低温慢炸，使蔬菜水分完全蒸发，口感类似薯片。

抱子甘蓝
萝卜
莲藕
牛蒡
长梗花椰菜
油
沙拉酱（红酒醋、盐、橄榄油）

1 将蔬菜分别切成便于食用的大小（如右下图片）。提前将莲藕和萝卜表面擦干。

2 蔬菜要想熟透需要花费很长时间，所以在油温 140 ℃下锅炸。放入顺序是莲藕、抱子甘蓝、萝卜、长梗花椰菜。牛蒡则需要油温 120 ℃多花些时间炸至酥脆。

3 待所有蔬菜的水分炸干、表面酥脆、焦香四溢、颜色金黄后便可起锅沥油。

4 在碗中放入炸好的蔬菜，加入红酒醋和盐调味，再加上提味的橄榄油后搅拌均匀并装盘。因为这是由炸蔬菜做成的沙拉，所以橄榄油要少放一些。

夏季蔬菜 配阿根廷青酱

雪椿

阿根廷青酱起源于南美。这是在欧洲也很受欢迎的酸辣酱。除了蔬菜之外，也可以搭配肉、鱼等各种食材。当地也有店铺将切碎的香料做成油渍。

〔温度时间：裹粉的食材 150 ℃炸接近 2 分钟。其他食材 150 ℃炸 2~3 分钟。
预想状态：裹粉的食材是用面衣将蔬菜包裹起来油炸，使蔬菜的水分在里面沸腾。其他食材则是高温油炸，让水分锁在里面。保留各种蔬菜的口感。〕

番茄、茄子、秋葵、西葫芦、玉米笋
裹粉面糊（碳酸水 100 mL、低筋面粉 65 g、盐 1 g）

阿根廷青酱（容易制作的分量）
意大利香芹…20 g
香菜…5 g
大蒜…1 片
醋…30 g
橄榄油…60 g
盐…1 g
辣椒粉（孜然 0.5 g、牛至 1 g、卡宴辣椒 0.5 g）

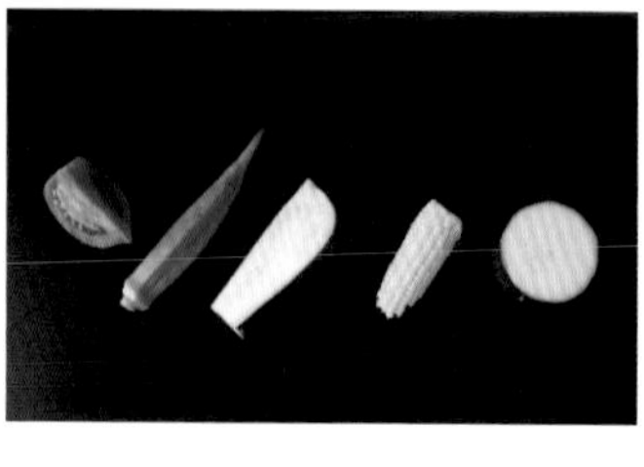

1 制作裹粉面糊。将盐和低筋面粉混合均匀，再加入碳酸水搅拌。
2 将蔬菜切成类似于右下方图中的大小，便于食用。将水分多的番茄和茄子裹上裹粉面糊，油温 150 ℃炸接近 2 分钟。
3 油温 150 ℃下秋葵、西葫芦和玉米笋，炸 2~3 分钟，让表面带有浅浅的颜色。
4 制作阿根廷青酱。将所有材料倒入料理机中搅碎。放置一段时间后青酱会褪色，若是放入密封容器中保存，颜色能维持久些。
5 将蔬菜装盘，搭配阿根廷青酱。

三种煎饼
玉米、海苔、虾

Waketokuyama

非常适合当下酒菜。如果用黑胡椒增添辛辣味，玉米煎饼就会与香槟很相配。不妨炸到水分完全蒸发，做成如零食般轻巧的样子。

→做法详见第 126 页

三种煎饼 玉米、海苔、虾

Waketokuyama

温度时间：玉米 160 ℃炸 30 秒。
海苔和虾 180 ℃炸 30 秒。
预想状态：低温油炸，要炸得轻巧些，不要炸焦。

玉米煎饼（容易制作的分量）
……玉米…2 根
……马铃薯淀粉…15 g
……黑胡椒…适量

海苔煎饼
……白鱼肉泥…1 片 10 g
……新鲜海苔
……马铃薯淀粉

虾煎饼
……虾
……马铃薯淀粉

油、盐

1 制作玉米饼。玉米去皮后水煮，水沸后继续煮 3 分钟，取出后用保鲜膜包上冷却。

2 **1** 的玉米冷却后，用刀切下玉米粒，然后用料理机打碎，再用滤网压碎过滤，做成玉米泥。在 300 g 玉米泥里加入 15 g 马铃薯淀粉、黑胡椒混合搅匀。

3 将 **2** 的玉米泥分成 8 g 一个，隔开放在烤盘纸上，然后再铺上一张烤盘纸，用擀面杖擀薄。

4 制作海苔煎饼。用新鲜海苔包裹白鱼肉泥，表面沾上马铃薯淀粉，再按照 **3** 的处理方法，用烤盘纸夹住后擀薄。因为白鱼肉泥和虾等蛋白质类的食物需要完全熟透，所以可以用空瓶或擀面杖敲打扁平。

5 制作虾煎饼。虾去头、去虾线、去壳，切开。紧紧裹上低筋面粉，再按照 **3** 的处理方法，用烤盘纸夹住后擀薄。

6 将擀薄后的各种煎饼摆在一起，放入 100 ℃的电烤箱中，用蒸汽加热风模式加热约 40 分钟，去除水分。

7 油温 160 ℃下锅炸玉米煎饼，油温 180 ℃下锅炸海苔煎饼和虾煎饼。会有那么几秒钟气泡会逐渐变少并慢慢消失，这是判断是否炸好的标准。这个时候便可起锅沥油，撒上少量盐后装盘。

第三章

肉和鸡蛋

油炸料理

炸烤鸭和炸苦瓜炒有马山椒

根津竹本

将炸鸭肉和炸苦瓜以炒的方式调味。如果喜欢吃苦瓜的话，苦瓜片可以切得厚一点。虽然做成了中式料理的风格，但是用了有马山椒后就会有和风感。

→做法详见第 130 页

香煎糙米炸牛排配炸蜂斗菜酱料

旬菜 小仓家

因为搭配了用花生油做的蜂斗菜酱料，所以需要用能够产生酥脆口感的糙米来做面衣，以防炸牛排变得厚重。

→做法详见第 131 页

炸和牛配花椒羹

久丹

『贝身』是牛五花肉的一部分，其特征是肉质柔软适中。油脂丰富的肉和新鲜花椒清爽的香气非常相配。

→做法详见第 131 页

炸烤鸭和炸苦瓜
炒有马山椒

根津竹本

温度时间：鸭肉 180 ℃炸 2 分钟。苦瓜 170 ℃快炸。

预想状态：鸭肉高温油炸，使其表面变硬，看起来像加了涂层一样。炸好后即便肉还是红色的也并无大碍。为了保持苦瓜的多汁感，需要中温快炸。

鸭里脊肉、马铃薯淀粉

苦瓜

油

芝麻油（烘焙浓口款）、有马山椒、蚝油

花椒粉、万能葱（切葱花）

1 将鸭里脊肉切薄片，每片都要在脂肪边缘处细细割开。

2 将1的鸭肉放在手上，以紧握的方式裹上马铃薯淀粉，油温 180 ℃下锅炸 2 分钟左右，中间还是红色也无大碍。

3 苦瓜对半切开并去瓤。切成薄片后擦干，油温 170 ℃下锅快炸，随后起锅沥油。

4 在平底锅中抹上一层芝麻油，放入炸好的鸭肉和苦瓜。加入有马山椒、少量盐（有点味道的程度）和蚝油后翻炒均匀。

5 将4的食材装盘，撒上花椒粉和葱花。

香煎糙米炸牛排 配炸蜂斗菜酱料

旬菜 小仓家

> 温度时间：牛肉 170 ℃炸 1 分钟。
> 蜂斗菜 160 ℃炸 8 分钟。
> 预想状态：注意不要将牛肉周边的面衣炸焦，利用余温使其半熟。

牛肋眼排…1 块 20 g（2~3 cm 厚）
盐、胡椒
低筋面粉、蛋液、香煎糙米、油

蜂斗菜酱（蜂斗菜花、花生油、浓口酱油）

1 将牛肋眼排抹上盐和胡椒，静置 20 分钟左右。
2 将牛肉撒低筋面粉，过蛋液，再裹上香煎糙米，油温 170 ℃下锅炸。注意不要把面衣炸焦。因为牛肉需要保持半熟状态，所以起锅后利用余温加热即可。
3 制作蜂斗菜酱。蜂斗菜花切碎，随后水洗去除涩味。擦干后，放入可没过蜂斗菜的花生油中油炸，油温 160 ℃，炸至金黄后捞出。
4 将蜂斗菜和花生油一起倒入碗中，加入少量浓口酱油，调制成酱汁。
5 在碗中倒入蜂斗菜酱，然后摆放切好的牛排。

炸和牛配花椒羹

久丹

> 温度时间：180~200 ℃炸 30 秒，取出后利用余温加热 5 分钟。
> 重复 4 次。
> 预想状态：高温油炸 4 次，利用余温使里面慢慢熟透。

牛贝身肉…30 g
青紫苏叶…1 片
低筋面粉、天妇罗面糊（低筋面粉、水）、油

花椒羹（新鲜花椒适量，高汤 8 ：浓口酱油 0.5 ：淡口酱油 0.5 ：味醂 1，葛粉适量）

1 牛贝身肉切厚片，随后用青紫苏叶包裹住。撒上低筋面粉后过天妇罗面糊，油温 180 ℃下锅炸 30 秒。起锅沥油的同时静置 5 分钟，利用余温继续加热。如此重复 4 次。
2 制作花椒羹。在高汤中加入浓口酱油、淡口酱油、味醂后上火加热，沸腾后一边在锅中画圆搅拌，一边慢慢加入葛粉水勾芡。最后放入新鲜花椒。
3 牛贝身肉切好装盘，淋上花椒羹。

炸牛肉和蜂斗菜炊饭

久丹

这是一道将牛筋炸成如『内脏乌冬面』中的内脏那般硬脆，再搭配苦味中和的炸蜂斗菜而制成的炊饭。

→做法详见第 134 页

牛舌青草炸

Waketokuyama

用压力锅将牛舌煮至软烂，再用味噌腌制。用粗颗粒、混入菠菜的面衣包裹住牛舌，做成青草炸。

→做法详见第 135 页

炸甲鱼块

久丹

这是一道口味较浓厚的炸甲鱼。将甲鱼裹上糯米粉炸至酥脆。重点在于弹性十足的甲鱼肉和带有透明感的面衣在口感上的对比。

→做法详见第 135 页

炸牛肉和蜂斗菜炊饭

久丹

温度时间：牛筋 180 ℃、蜂斗菜 170 ℃炸至水分完全蒸发、气泡消失。

预想状态：高温油炸牛筋，将油脂炸干至硬脆。

牛筋（切薄片）…100 g

蜂斗菜花（切大块）

油

米…1 量米杯（180 mL，约 150 g）

炊饭酱汁（高汤 10：淡口酱油 1：味醂 1）…200 mL

花椒嫩叶

1 将菲力牛肉的筋切成薄片。蜂斗菜花切大块。

2 油温 170 ℃下锅炸蜂斗菜花，炸至气泡完全消失后取出，放在厨房纸上吸油。

3 油温 180 ℃下锅炸牛筋，炸到油脂变干、牛筋硬脆。

4 将米完全浸泡在水中 45 分钟，然后沥干放入砂锅中，倒入炊饭酱汁，开小火摆上**2**和**3**的食材后，马上转大火，沸腾后再转小火煮 10 分钟。不需要蒸。

5 撒上花椒嫩叶后展示给客人，然后再拌匀。

牛舌青草炸

Waketokuyama

> 温度时间：170 ℃炸 1 分 30 秒。
> 预想状态：用面衣包裹住牛舌，使牛舌蒸至软烂。

味噌腌牛舌（容易制作的分量）
- 牛舌（去皮）…1 kg
- 豆渣…100 g
- 白味噌…1 kg

青草面糊（天妇罗面糊*、菠菜、盐）、油

葱白（切丝）

*将 60 g 低筋面粉、100 mL 水、1 个量的蛋黄混合搅拌而成。

1 将牛舌切成 5 等份并汆烫。放入压力锅中，加水和豆渣没过牛舌，盖上盖子开始煮。待压力锅升至第 2 格后就转小火加热 15 分钟，然后关火自然冷却。加入豆渣可以吸收多余的油脂和血沫，而且可以补充流失的美味。

2 牛舌冷却后用水洗净，擦干之后切成 15 g 一块大小，用纱布包起来，放入白味噌中腌制 3 天。

3 准备青草面糊。将菠菜撕碎，加入少量盐后放入研钵中研磨。磨细后加水。

4 将 **3** 的食材转入较密一点的滤网中，连同滤网一起煮，煮过后放入冷水中冰镇。

5 将 **4** 的菠菜用力挤一下水，然后放入天妇罗面糊中搅拌。

6 将 **2** 的牛舌裹上青草面糊后，油温 170 ℃下锅炸。起锅沥油后切片装盘。最后放上葱白。

炸甲鱼块

久丹

> 温度时间：160 ℃炸 2 分钟，最后升温至 180 ℃。
> 预想状态：先低温油炸，不让甲鱼炸焦，待甲鱼变热了之后再将油温提高至 180 ℃，这样便不会那么油腻。

甲鱼（青森小川原湖产的兜甲鱼）

煮甲鱼的汤底（水 10 ：日本酒 1，昆布适量）

卤汁（煮甲鱼的汤底、浓口酱油）

花椒粉

低筋面粉、蛋清液、糯米粉、油

1 将甲鱼剁成 4 块，去除黄色油脂。将水和日本酒混合，加入昆布，再放入杀好的甲鱼炖煮。水沸后撇去血沫，继续煮 12 分钟。

2 等到甲鱼煮软之后，便切成一口左右的大小。在 **1** 煮甲鱼的汤底中加入 0.6% 的浓口酱油，调成较浓的口味继续炖煮。冷却后倒入容器中，放进冰箱冷藏。

3 加热凝固的甲鱼，撒上花椒粉。再撒上低筋面粉，过蛋清液，裹上糯米粉。

4 油温 160 ℃下锅炸，待甲鱼变热便提高油温至 180 ℃。炸至酥脆后起锅沥油。

炸西京腌甲鱼

楮山

用西京腌菜的方法来为甲鱼调味，再做成炸甲鱼块。大葱炸过之后能够去除辛辣味，激发葱香味，与甲鱼肉非常相配。

→做法详见第 138 页

炸甲鱼饼

莲

这是一道用酥脆的面衣包裹弹性十足的甲鱼而做成的炸饼。搭配口感不同的莲藕可展示其轻巧感。

→做法详见第 138 页

炸甲鱼面包

Mametan

灵感来自咖喱面包。将甲鱼冻塞入面包中油炸，属于套餐中的小点心。面包的面团来自面包店里咖喱面包专用的面团。

→做法详见第 139 页

油封猪肩里脊 炸猪排

Mametan

用面衣包裹油封后的猪肩里脊肉块，做成炸猪排。猪肉非常软嫩，用筷子就能夹断，同酥脆的面包糠形成鲜明的口感差异。除了搭配芥末和海盐，当然也可以搭配腌制的塔塔酱或者猪排酱。

→做法详见第 139 页

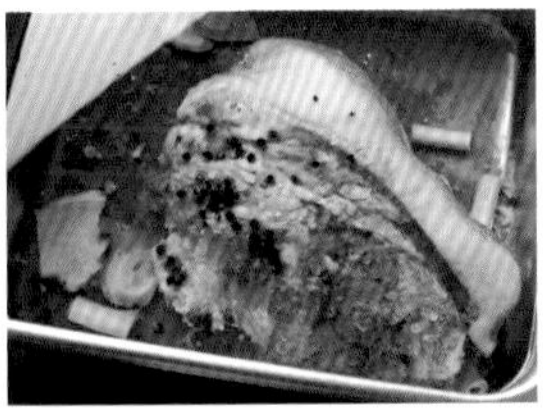

油封猪肩里脊肉

炸西京腌甲鱼

楮山

温度时间：甲鱼 180 ℃炸 3 分钟。大葱 170 ℃炸 5~6 分钟。
预想状态：甲鱼的面衣需炸至酥脆。大葱则要将水分完全炸干，但是不能炸焦，要激发出葱香味。

甲鱼
腌渍用味噌（容易制作的分量）
白味噌…2 kg
味醂…180 mL
日本酒…180 mL
米粉、油

大葱、油

1 将甲鱼处理好后切成一口左右大小。浸泡在 80 ℃的热水中剥掉薄膜，再用清水洗去血渍。
2 将腌渍用味噌的材料混匀，再放入 1 的甲鱼浸泡 12 分钟。
3 取出甲鱼将味噌擦干，再裹上米粉，油温 180 ℃炸 3 分钟，炸至表面酥脆。
4 大葱斜切成薄片，油温 170 ℃炸 5~6 分钟，待炸到浅金黄色后便可起锅沥油。
5 在碗中铺上 4 的大葱，再放上 3 的甲鱼。

炸甲鱼饼

莲

温度时间：160 ℃炸 2 分钟，最后油温升至 170 ℃。
预想状态：因为甲鱼已经熟了，所以只要将薄面衣炸熟即可。

甲鱼
卤汁（水 500 mL、日本酒 100 mL、浓口酱油 40 mL、盐少量、昆布和切薄片的生姜各适量）
莲藕（切滚刀）
鸭儿芹
低筋面粉、稀面糊（低筋面粉 3 ：玉米粉 1 ：碳酸水 1.5）、油

香味醋
浓口酱油 2 ：高汤 1 ：醋 2 ：砂糖 1
黑色七味胡椒粉…适量
切薄片的生姜、柚子皮…各适量

1 处理好甲鱼，将甲鱼放在调配好的卤汁中煮 1 小时。然后直接在卤汁中浸泡一天使其入味。
2 取出甲鱼并切成薄片。
3 在碗中放入甲鱼、莲藕和切碎的鸭儿芹，撒上低筋面粉，过稀面糊。
4 油温 160 ℃下锅炸，将稀面糊炸熟后便可起锅沥油。
5 将食材装盘，搭配香味醋。制作香味醋只需要将配料调和在一起即可。

炸甲鱼面包

Mametan

温度时间：170 ℃炸 1 分 30 秒。
预想状态：高温油炸可能导致面包破裂，所以需要低温慢炸，将当中的馅料加热并融化。

甲鱼
煮甲鱼的汤底（水 3 ：日本酒 2，生姜、大葱各适量）
生姜、白菜、嫩洋葱
太白芝麻油
卤汁（煮甲鱼的汤底 12 ：浓口酱油 1 ：砂糖 0.5 ：味醂 0.5）、葛粉
黑色七味辣椒粉
面包用面团（冷冻）
干面包糠、油

1 将甲鱼剁成 4 块。把煮甲鱼的汤底材料混合在一起，放入甲鱼炖煮。需要准备大量汤底材料，中火煮 2 小时。汤底变少就需要加水。

2 锅中倒入太白芝麻油，再下入生姜丝、白菜、嫩洋葱翻炒，加入 **1** 的汤底和甲鱼煮沸。沸腾后加入砂糖、味醂、浓口酱油调成甜味卤汁，再煮至甲鱼入味。慢慢倒入葛粉水勾芡，静置冷却。

3 将面包用面团放在冰箱冷藏室解冻一天，随后静置到恢复常温。分成 25 g 一个的面团，放在温度较高的地方发酵膨胀至 2 倍大。

4 将 **3** 的面团擀开，中间放上 30 g **2** 的食材，然后撒上黑色七味辣椒粉后包起来。裹上干面包糠，油温 170 ℃下锅炸 1 分 30 秒左右，在炸的时候要不断翻动。最后起锅沥油并盛盘。

油封猪肩里脊 炸猪排

Mametan

温度时间：180 ℃炸接近 1 分钟。
预想状态：肉不需要完全熟透，高温油炸，让面衣熟透即可。

油封
猪肩里脊肉（整块）…2 kg
大葱、生姜、黑胡椒粒、月桂叶
猪油
盐、黑胡椒
低筋面粉、蛋液、新鲜面包糠（粗款）
油

卡马格海盐、酢橘、芥末

1 将猪肩里脊肉做成油封。猪油化开之后加入适量的大葱、生姜、黑胡椒粒、月桂叶，随后放入猪肩里脊肉。需要准备足够多的猪油，以完全包裹住猪肩里脊肉。

2 猪油保持在 70 ℃加热 5 小时。如果用电烤箱加热的话，需要调到干燥模式。

3 从猪油中取出猪肉，趁热擦去猪油，切成 140 g 一块大小。

4 撒上盐和黑胡椒后，撒低筋面粉，过蛋液，再裹上新鲜面包糠，油温 180 ℃下锅炸接近 1 分钟，炸至面衣金黄色便可起锅沥油。

5 切成便于食用的大小，搭配卡马格海盐、酢橘和芥末。

猪蓬麸卷

Waketokuyama

在蓬麸外侧卷上数层猪肉，再裹上天妇罗面糊油炸。利用余温加热的过程中，香气时不时飘出来。

→做法详见第 142 页

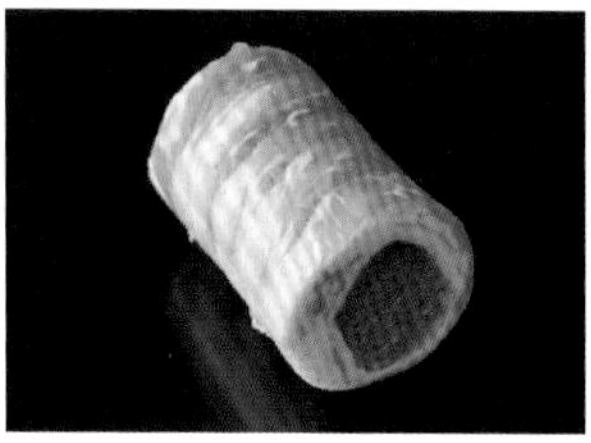

猪五花酸姜炸饼

雪椿

用姜片的酸甜缓和五花肉的油腻，吃起来便会非常清爽。油脂和甜味非常契合。

→做法详见第 142 页

炸羊排

雪椿

将广受喜爱的羊肉做成炸排。因为油脂有腥味，所以要使用油脂和筋较少的部位。羊肉与孜然非常相配，推荐在盐中加入孜然。

→做法详见第 143 页

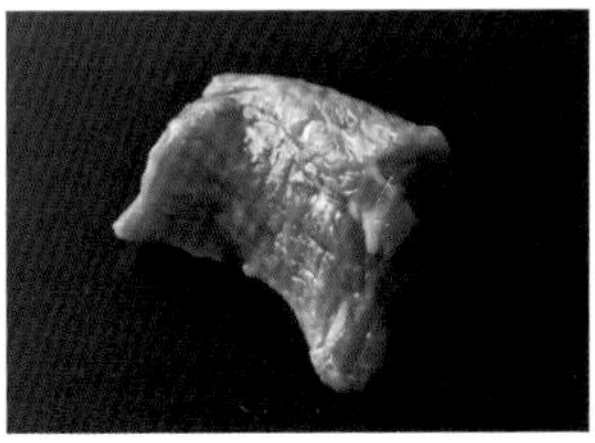

香煎高汤蛋卷

根津竹本

油炸高汤蛋卷，搭配热气腾腾的高汤。将提前做好的蛋卷裹上稀面糊，油炸时要锁住其水分。用白羹代替搭配用的高汤也很美味。

→做法详见第 143 页

猪蓬麸卷

Waketokuyama

温度时间：170 ℃炸 1 分钟，利用余温加热 2 分钟，再 180 ℃炸 30 秒。
预想状态：炸 2 次让肉慢慢加热，使肉质鲜嫩。

（容易制作的分量）
猪五花肉（片）…400 g
蓬麸（生）…1 条
低筋面粉、天妇罗面糊（低筋面粉 50 g、鸡蛋半个、水 100 mL）、油、盐
花椒嫩叶

1 将蓬麸纵向切成两半，切成细长棒状。再将五花肉片稍微叠在一起，纵向摆在砧板上，把蓬麸放在手边并用五花肉片向前卷起。
2 用保鲜膜把 **1** 的食材包住并卷起来，静置 1 小时使其贴合。
3 把 **2** 的保鲜膜取下，将食材对半切开，用刷子刷上低筋面粉后，裹上天妇罗面糊，油温 170 ℃下锅炸。待天妇罗面糊的水分完全蒸发、不再起泡时，便可起锅，利用余温继续加热。
4 用余温加热 2 分钟后，在油温 180 ℃下锅炸至酥脆。再撒上盐。
5 将 **4** 的食材装盘，放上花椒嫩叶。

猪五花酸姜炸饼

雪椿

温度时间：150 ℃炸 3~4 分钟。
预想状态：将猪五花肉炸熟。要保留多汁感，不要炸焦。

猪五花肉薄片（切成 1.5 cm 的方形）、盐
酸姜（容易制作的分量）
嫩姜…1 kg
水…500 mL
醋…400 mL
砂糖…250 g
盐…30 g
低筋面粉、天妇罗面糊（低筋面粉、水）、油、盐

1 制作酸姜。用切片机将嫩姜切成薄片，焯水 5 分钟后捞出，去除水分，放进瓶子中保存。
2 将水、醋、砂糖和盐混合后煮沸，冷却后做成甜醋。倒些甜醋到 **1** 的瓶子中（预备腌制）。第二天换新的甜醋腌制（正式腌制）。
3 在猪五花肉上多抹点盐。擦干酸姜上的水后放入碗中，与五花肉搅拌均匀，然后撒上低筋面粉。再快速裹上较为浓稠的天妇罗面糊，油温 150 ℃下锅炸 3~4 分钟。
4 沥油装盘，搭配盐。

炸羊排

雪椿

> 温度时间：150 ℃炸 4 分钟。
> 预想状态：不要炸得太老，以防美味的肉汁流失。

羊肉（去骨腿肉）
低筋面粉、蛋液、新鲜面包糠、油

孜然盐*、盐、柠檬

*将孜然粉和烧盐（干燥盐）按 1 ： 1 混合制成。

1 准备脂肪和筋较少的羊腿肉，切成 15 g 大小的块状。
2 将羊肉块撒低筋面粉，过蛋液，再裹上新鲜面包糠，油温 150 ℃下锅炸 4 分钟。
3 沥油装盘，配上柠檬。另外附上盐和孜然盐。

香煎高汤蛋卷

根津竹本

> 温度时间：180 ℃炸 2~3 分钟。
> 预想状态：因为中间已经熟了，所以只需要高温油炸，让蛋卷中心有热度即可。

高汤蛋卷
鸡蛋…3 个
高汤…90 mL
盐、味醂、淡口酱油…各适量
大豆油
稀面糊（低筋面粉、鸡蛋、水）
油

搭配用高汤（高汤 300 mL、盐半小勺、淡口酱油 5 mL）
葛粉
芥末、万能葱（切葱花）

1 制作高汤蛋卷。鸡蛋和高汤打成蛋液，加入盐、味醂和淡口酱油微微调味。
2 在蛋卷专用的锅中倒入大豆油，分多次将 **1** 的蛋液倒入锅中摊好，重复卷起来做成蛋卷。
3 待高汤蛋卷冷却后，切成便于食用的大小，再裹上稀面糊，油温 180 ℃炸 2~3 分钟。待蛋卷中间有热度即可。
4 将搭配用高汤的配料混匀加热，再慢慢加入葛粉水薄薄地勾芡。
5 将蛋卷装盘，淋上 **4** 的高汤。搭配芥末并撒上葱花。

烤牛肉 炸鸡蛋 酸醋

楮山

把控炸鸡蛋的火候，让蛋黄能流出来，当作烤牛肉的酱料。装盘造型灵感来源于鸟巢。分量为 3~4 人份。

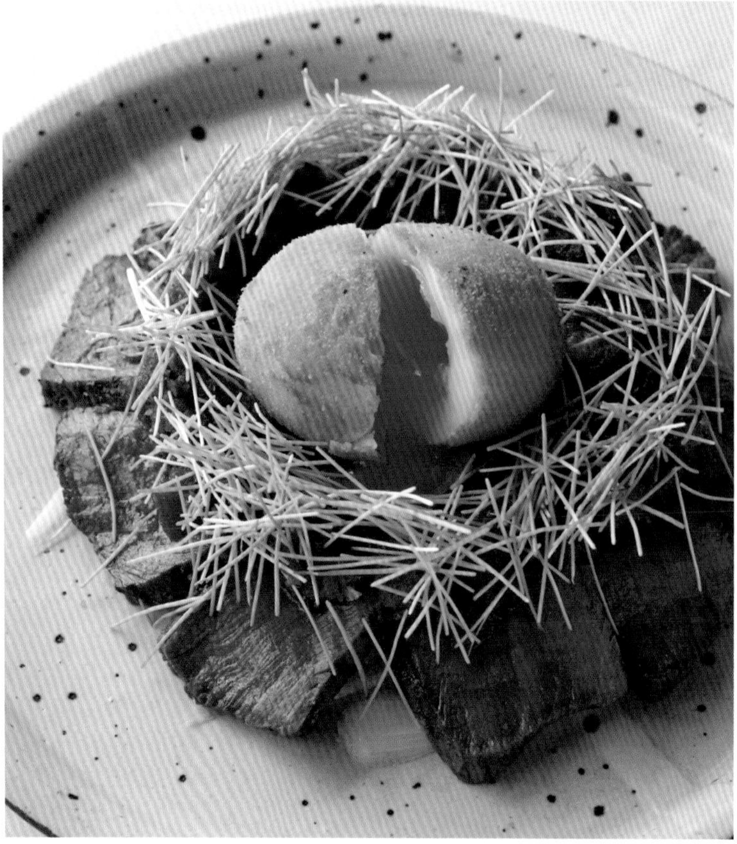

温度时间：170 ℃炸 30 秒。

预想状态：在短时间内将面衣炸成金黄色。

鸡蛋

低筋面粉、蛋液、干面包糠（颗粒细致款）、油

烤牛肉（牛和尚头 3 kg，大蒜薄片 2 片，色拉油、盐、胡椒各适量）

嫩洋葱（切薄片）、芽葱

酸醋（浓口酱油 200 g、溜酱油 150 g、日本酒 100 g、萝卜泥 1 根量、切葱花的万能葱 1 把、柠檬汁 3 个量、柠檬皮 1 个量、辣椒粉 50 g）

1 准备烤牛肉。牛腿肉洗净后去筋，切成 4 等份。在真空袋中放入切好的肉、大蒜和少量色拉油后抽真空，放在冰箱里腌一天。

2 准备分量充足的牛肉并切好，撒上盐和胡椒后放入锅中，倒入色拉油，油量约超过七成的牛肉，再放入 200 ℃的烤箱中加热 2 分钟，取出后静置 10 分钟，利用余温加热。重复以上步骤，直至牛肉呈八九分熟，再放在烤网上印出炙烤的痕迹，静置一会儿即可。上菜时再放在 200 ℃的烤箱中加热 2 分钟，然后切开装盘。

3 制作炸鸡蛋。准备沸水，放入鸡蛋浸泡 6 分钟，然后立刻取出再放入冰水中冷却后剥壳。

4 将 **3** 的鸡蛋擦干，整颗撒低筋面粉，过蛋液，再裹上干面包糠，油温 170 ℃下锅炸。炸至表面金黄色便要立即取出，这样可以炸得比半熟状态更嫩一些，切开后蛋黄会流出来。

5 先在盘子上铺上嫩洋葱片，再放上 **2** 的烤牛肉。摆上 **3** 的炸鸡蛋之后，在鸡蛋周围摆上芽葱。建议搭配酸醋食用。

第四章
珍味、加工品
油炸料理

蜜糖蚕豆樱花和抹茶炸馒头

Mametan

享用樱花和抹茶两种味道，这是一道春天的小吃。把现成的蜜糖蚕豆当馅料，再裹上稀面糊做成炸馒头。要用低温油炸，以保留面衣的粉色和绿色。

温度时间：蚕豆170℃炸30秒。樱叶170℃快速炸几秒。

预想状态：不要把蜜糖蚕豆炸变色，炸至蚕豆中间温热即可。盐渍樱叶只需要将面衣炸熟且酥脆即可。

蜜糖蚕豆、低筋面粉

樱花面糊（盐渍樱花、稀面糊*）

抹茶面糊（抹茶、稀面糊*）

油

盐渍樱叶、稀面糊*、油

抹茶

*低筋面粉、蛋黄，用水调稀一些。

1 将盐渍樱花浸泡在水中去除盐分，捞出后用清水清洗盐渍樱叶。

2 将去除盐分的盐渍樱花放在稀面糊中。蜜糖蚕豆撒低筋面粉后，再裹上樱花面糊，油温170℃下锅炸。先用低温油炸，避免面衣变色，最后提升油温，便不会那么油腻。蚕豆中间温热即可（樱花馒头）。

3 在稀面糊中加入抹茶。将蜜糖蚕豆撒低筋面粉后，再裹上抹茶面糊，油温170℃下锅炸。同2，蚕豆中间温热即可。

4 擦去盐渍樱叶的水分，整体裹上稀面糊，油温170℃下锅油炸，炸至酥脆。

5 将4的炸盐渍樱叶铺在盘子中，再放上2的樱花馒头和3的抹茶馒头。在抹茶馒头上淋上少量抹茶。

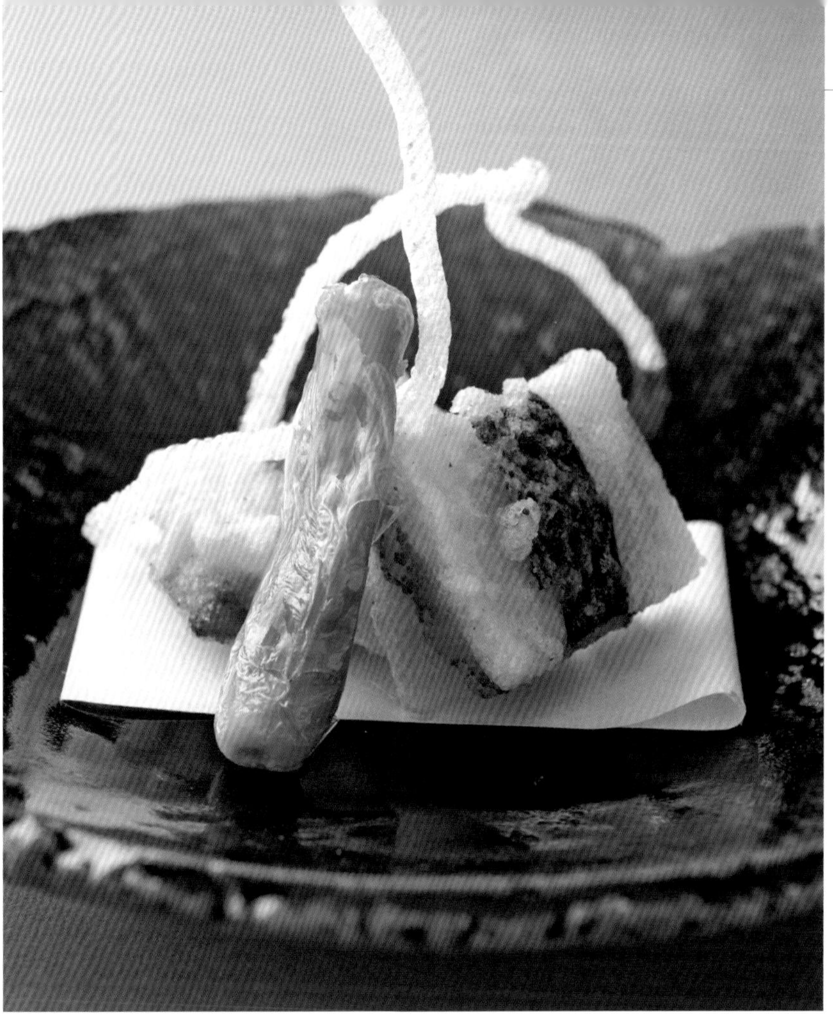

炸双层乌鱼子

Waketokuyama

乌鱼子和酒非常相配。米作为酒的原料，与乌鱼子想来也非常相配。用年糕包住乌鱼子油炸。火锅用年糕很容易熟，非常好用。

温度时间：170 ℃炸 30~40 秒。

预想状态：较高温短时间快炸。年糕很容易膨胀，所以要在年糕快膨胀时取出。

乌鱼子
火锅用日式年糕
海苔
低筋面粉、稀面糊（水 60 mL、低筋面粉 30 g、蛋黄半个量）、油
狮子唐辛子（日本小青椒）、葛切（葛粉条）、油

1 剥去乌鱼子的薄膜，随后切成薄片。将火锅用日式年糕切成 3 等份，包住乌鱼子，然后用长条状海苔卷起固定。

2 用刷子将 1 的食材刷上低筋面粉后，裹上稀面糊，油温 170 ℃下锅炸。年糕快要膨胀时立即取出。保持面衣仍呈白色。

3 将炸双重乌鱼子装盘，搭配油炸的狮子唐辛子和葛切。

炸芝麻豆腐

久丹

芝麻豆腐炸过之后能改变口感，并增添油脂的浓郁感。这里是将芝麻豆腐炸得入口即化、热气腾腾，再做成高汤风味油炸料理。

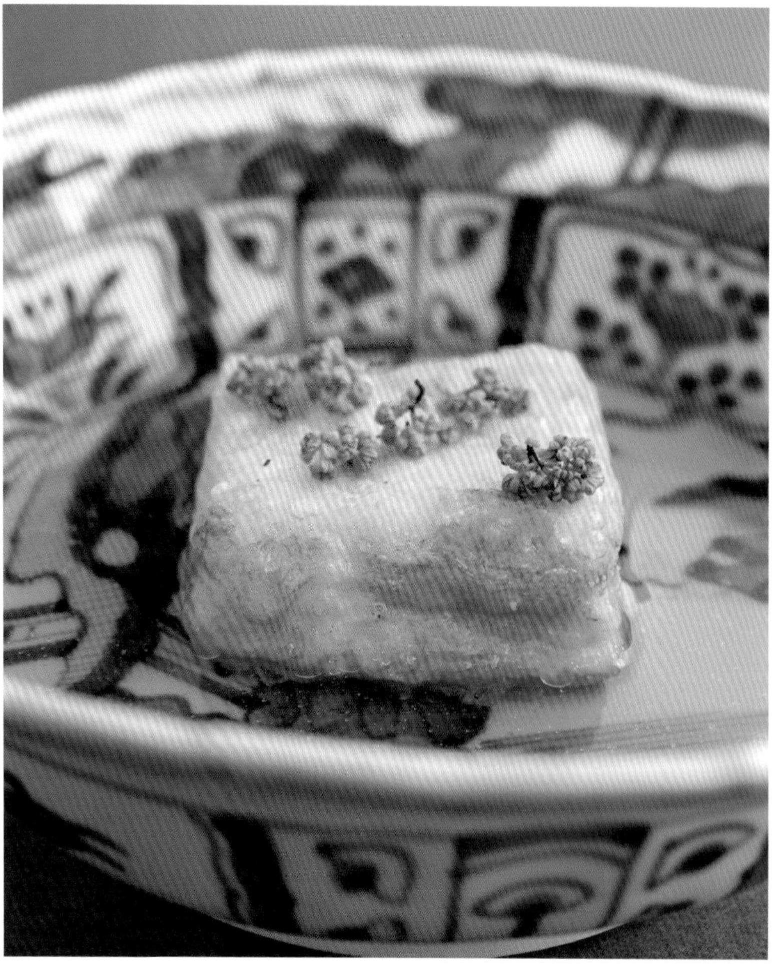

温度时间：160 ℃炸 2 分钟，最后油温升至 180 ℃。

预想状态：慢慢油炸冰冷的豆腐。最后提高油温固定面衣，中间最好呈黏糊糊的状态。

芝麻豆腐（容易制作的分量）

白芝麻…250 g

水…1L

葛粉…130 g

盐、淡口酱油、味醂…适量

葛粉，油

搭配用高汤（高汤 8：淡口酱油 1：味醂 1）

花椒

1 制作芝麻豆腐。将白芝麻放在等量水中浸泡 1 小时。第二天捞起之后，放入研钵中研磨。再将浸泡白芝麻的水过滤，也慢慢加入研钵中研磨。过滤后留下芝麻汁。

2 用 1 的芝麻汁来化开葛粉，加入盐、淡口酱油、味醂调味，调成可喝的汤汁的味道。开火加热，水沸后转小火煮 10 分钟，并用木勺搅拌。再倒入罐子中冷却凝固。

3 将 2 的芝麻豆腐切成 3 cm 块状，撒上葛粉，油温 160 ℃下锅炸。炸至浅金黄色后，提升油温至 180 ℃油炸，随后起锅沥油装盘。若是一开始使用高温油炸，那么面衣将会散开。

4 将搭配用高汤的材料混匀，上锅加热，淋在刚炸好的芝麻豆腐上。最上面撒上花椒。

炸酥脆
凉拌山菜与乌鱼子

根津竹本

这道料理的灵魂是刚起锅时的酥脆口感。即便是苦味山菜，和炸酥脆搭配在一起也会让人欣然接受。蔬菜同炸酥脆拌在一起后便要立刻上桌。

温度时间：170℃下锅，180℃起锅。快速油炸。
预想状态：将较浓的天妇罗面糊散落滴在高温油中，待浮上来后便可立即起锅。

炸酥脆料（低筋面粉、鸡蛋、水）
刺五加嫩茎叶
野萱草（野金针菜）
八方地（用金枪鱼丝煮的第一道高汤 8：淡口酱油 0.2：味醂 1，水、盐少量）
乌鱼子（切小块）

1 分别将刺五加嫩茎叶和野萱草焯水，浸泡在八方地中一晚。取出后切成便于食用的大小，稍微沥干。

2 油温 170℃淋入炸酥脆料（天妇罗面糊）。温度提高后便立即起锅沥油。

3 将刺五加嫩茎叶和野萱草放入炸酥脆中快速搅匀并装盘。撒上乌鱼子。

炸饭团茶泡饭

根津竹本

这是天妇罗荞麦面的泡饭版。将饭团捏好后放置一段时间，待表面干燥后便能炸得酥脆可口。若改成炸葫芦卷或者腌菜寿司卷等食材，也会非常美味。

温度时间：180℃炸 5~7 分钟，最后油温升至 190℃。
预想状态：高温油炸，将饭团颜色炸至变深。最后提高油温便不会那么油腻。

米饭…100 g
油
茶泡饭搭配用汤（高汤、盐、淡口酱油）
佐料（海苔、葱白、腌渍花芥末*、蘘荷、切成葱花的万能葱、白芝麻、芥末）

*将花芥末用盐搓揉后静置一段时间，浇上热水。待花芥末变柔软后，加入八方地（高汤 8：味醂 1：淡口酱油 0.2，水、盐少许）当中。

1 将米饭捏成饭团，静置一段时间使其表面干燥。
2 制作茶泡饭搭配用汤。在高汤中加入盐和淡口酱油，调成口味较浓的汤汁之后继续加热。
3 准备佐料。提前将海苔、葱白和蘘荷都切成小方形片。再将腌渍花芥末剁碎。
4 油温 180 ℃下 **1** 的饭团。待饭团变成浅金黄色后，将油温提升至 190 ℃，这样便不会那么油腻。
5 将饭团装盘，淋上 **2** 的汤汁。撒上佐料后便可立即上桌。

炸葱包鱼卵昆布

Waketokuyama

将适当去除盐分的鱼卵昆布裹上绿油油的葱面糊油炸，这是一道特殊的料理。使用楼葱制作葱面糊，如果葱研磨得好，那么葱面糊的颜色会更加鲜艳。

温度时间：160 ℃炸 1 分钟，最后油温升至 170 ℃。

预想状态：将面衣炸至熟透。低温慢炸，避免面衣失去颜色。鱼卵昆布即便没熟透也无大碍。

鱼卵昆布（长 1.5 cm× 宽 4 cm× 厚 1.5 cm）

盐水（盐分浓度 0.5%）

低筋面粉

葱面糊（容易制作的分量）

- 楼葱…100 g
- 低筋面粉…8 大勺
- 马铃薯淀粉…4 大勺
- 鸡蛋…2 个
- 水…适量
- 熟芝麻…4 大勺

油、盐

葱面糊。捣碎的楼葱经过油炸后依然会保持鲜艳的颜色

1 将切好的鱼卵昆布浸泡在盐水中 1~2 小时去盐。中途要多次更换盐水。如果只剩下少量盐分便可取出擦干。

2 制作葱面糊。将楼葱的绿色部分切小段，再用料理机打碎。加入低筋面粉和马铃薯淀粉后搅拌均匀。然后加入鸡蛋、水和熟芝麻后大致搅拌一下。

3 将鱼卵昆布撒上低筋面粉，再裹上 2 的葱面糊，油温 160 ℃下锅炸 1 分钟左右，再稍微提高油温炸至酥脆。

4 起锅沥油，稍稍撒上盐后切开，将切面朝上装盘。

香炸盐渍藠头

根津竹本

按照自己的喜好调整盐渍藠头的咸度后再油炸。留下藠头原本的爽脆口感，注意不要炸得太老。因为盐渍藠头表面非常顺滑，所以天妇罗面糊可以调得稠一些。

→做法详见第 154 页

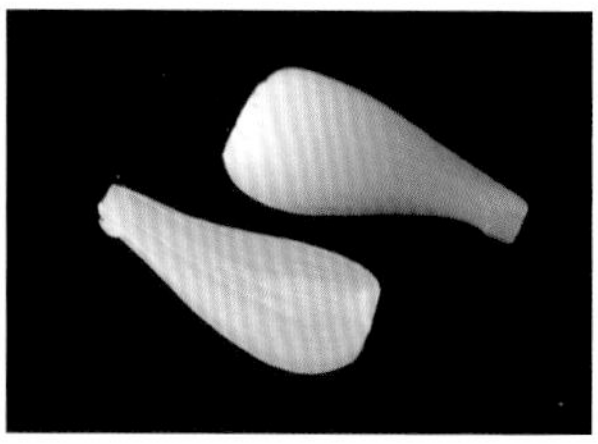

炸汤圆配酒盗

Waketokuyama

这是一道用炸的方式取代水煮做成的炸汤圆，与水煮汤圆有着不同的口感。放上珍味，做成下酒菜。

→做法详见第 154 页

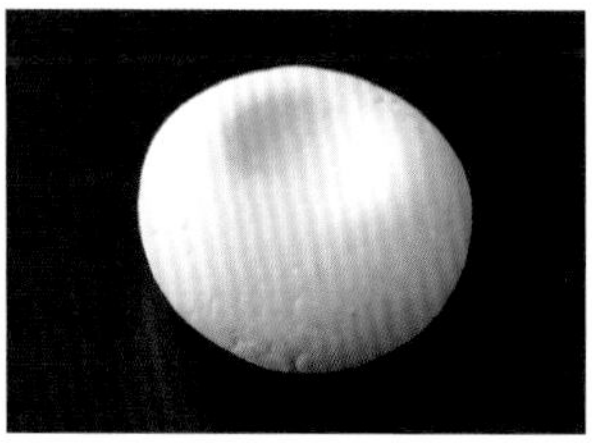

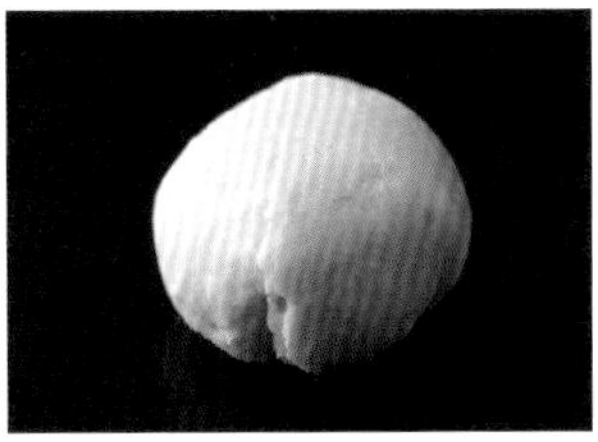

荞麦豆腐 配酱油羹

Waketokuyama

软糯的荞麦豆腐，撒上低筋面粉，炸的时候保持其形状。炸过之后味道很好，与酱油羹十分相配。这是一道适合作为冬季前菜的不错的料理。

→做法详见第 155 页

炸豆腐 配毛蟹秋葵羹

西麻布 大竹

将水分较多的嫩豆腐炸到表面酥脆硬化，锁住里面的水分。用秋葵的黏性为羹汤增加浓稠度。

→做法详见第 155 页

香炸盐渍蕌头

根津竹本

温度时间：170 ℃炸 2 分钟。
预想状态：希望保留青海苔漂亮的颜色。
盐渍蕌头只要中间温热即可，没有熟透也无大碍。

盐渍蕌头
低筋面粉、天妇罗面糊（低筋面粉、鸡蛋、水、青海苔）、油
干金枪鱼粉末、花椒粉
酢橘

1 将盐渍蕌头纵向对半切开。如果盐分浓度很高，需要先放在稀盐水（未在食谱分量内）中浸泡去盐。
2 在天妇罗面糊中混入青海苔。将盐渍蕌头擦干，再撒低筋面粉，过天妇罗面糊，油温 170 ℃炸 2 分钟左右。注意不要将面衣炸到变色。
3 起锅沥油并装盘。撒上干金枪鱼粉末和花椒粉，搭配酢橘。

炸汤圆配酒盗

Waketokuyama

温度时间：160 ℃炸 2 分钟。
预想状态：低温轻炸，注意不要让汤圆变色。

（容易制作的分量）
汤圆粉
糯米粉…100 g
水…90 mL
油
腌制鲑鱼卵、乌鱼子、酒盗…各适量

1 制作汤圆。糯米粉中加水揉捏，揉到软硬适中、有耳垂时，分成 10 g 一个的剂子。
2 油温 160 ℃下锅炸，汤圆浮起、变膨胀后便可起锅沥油。
3 放上腌制鲑鱼卵、乌鱼子、酒盗装盘。

荞麦豆腐 配酱油羹

Waketokuyama

[温度时间：170 ℃炸 1 分至 1 分 30 秒。
预想状态：慢慢油炸至中间温热，表面酥脆。]

荞麦豆腐（容易制作的分量）
- 荞麦粉…100 g
- 豆乳…200 mL
- 昆布高汤…200 mL
- 盐…适量

低筋面粉、天妇罗面糊（低筋面粉 60 g、水 100 mL）、油

酱油羹（高汤 6 ：浓口酱油 1 ：味醂 1.5，木鱼花、马铃薯淀粉各适量）

芽葱、芥末

1 制作荞麦豆腐。在锅中放入荞麦粉和昆布高汤混匀，中火加热并用木勺搅拌。待全部混合均匀后慢慢加入豆乳。小火继续搅拌，并加盐微微调味。

2 将 1 的材料分成 35 g 一个，用保鲜膜包成布袋状，用皮筋固定，放入冷水中冷却。

3 待 2 的食材冷却后就剥下保鲜膜，用刷子刷上低筋面粉后，裹上天妇罗面糊，油温 170 ℃下锅炸。炸至面衣酥脆、水分完全蒸发后便可起锅沥油。

4 制作酱油羹。在锅中加入高汤、浓口酱油、味醂和木鱼花后开火加热。煮沸后过滤，再次上锅加热，慢慢倒入马铃薯淀粉水勾芡。

5 将 3 的食材装盘，淋上 4 的酱油羹，再放上切齐的芽葱和芥末。

炸豆腐 配毛蟹秋葵羹

西麻布 大竹

[温度时间：170 ℃炸 3 分钟。
预想状态：不要让豆腐变色，但是表面需炸至硬脆。]

嫩豆腐

马铃薯淀粉、油

秋葵羹
- 秋葵
- 生木耳（切丝）
- 第一道高汤 100 mL、淡口酱油 10 mL、味醂 5 mL）

毛蟹肉、生姜（切丝）

1 提前将嫩豆腐适当沥干。

2 准备秋葵羹。取出秋葵种子后焯水，再将秋葵剁碎使其产生黏性。在锅中加入第一道高汤、淡口酱油和味醂后煮沸，加入秋葵和生木耳搅拌，增加黏稠度。

3 取 40 g 1 的豆腐，切成块状并撒上马铃薯淀粉，油温 170 ℃下锅炸。注意不要炸至变色。

4 将 3 的豆腐装盘，淋上 2 的秋葵羹。再放上毛蟹肉和姜丝。

米糠酱菜天妇罗

雪椿

这是『雪椿』店中广受欢迎的一道下酒菜。任何蔬菜都能够做成米糠酱菜，浅腌或是重腌都没问题。天妇罗面糊需要调得稀一些，炸起来会比较轻巧。

→做法详见第 158 页

炸面筋与根茎菜田乐味噌

Mametan

油炸根茎类蔬菜和面筋的组合。面衣采用混有樱花虾的干面包糠，可以增添香气。油炸的根茎类蔬菜有洋葱、竹笋等，宜选用糖分含量较高的根茎类蔬菜。

→做法详见第 159 页

培根芦笋天妇罗饭

雪椿

将刚起锅的炸饼碾碎，与米饭混合在一起，可以激发芦笋的清新香味。同米饭混合在一起的炸饼食材，若是使用香气四溢、盐味较强的，便会非常诱人。

→做法详见第 159 页

米糠酱菜天妇罗

雪椿

温度时间：160 ℃炸 2 分钟，最后油温升至 170 ℃。
预想状态：将面衣炸至恰好熟透即可。

米糠酱菜（小黄瓜、萝卜、红椒）
低筋面粉、天妇罗面糊（低筋面粉、鸡蛋、水）、油

1 洗净米糠酱菜上的米糠，擦干，切成薄片。

2 将鸡蛋和水搅匀做成蛋液，再混入低筋面粉并快速搅拌，做成天妇罗面糊。

3 将 1 的食材撒低筋面粉，过天妇罗面糊，油温 160 ℃下锅炸。最后将油温提升至 170 ℃，待面衣熟透后便可起锅沥油。装盘时注重色彩的搭配。

炸面筋与根茎菜田乐味噌

Mametan

温度时间：根茎类蔬菜 170 ℃油炸 1 分钟。面筋 170 ℃炸 30 秒。
预想状态：根茎类蔬菜需要仔细油炸，使水分完全蒸发，从而浓缩美味。面筋则需炸至中间熟透，外层酥脆焦香。

面筋（蓬麸、粟麸）
面衣 *、油
水果萝卜、大头菜、甘蓝、油

田乐味噌 **、蜂斗菜、高汤

*用果汁机将干燥的樱花虾和干面包糠打碎混匀。
**将 4 kg 味噌、1.5 kg 砂糖、1.44 L 日本酒混合在一起加热制成。需要根据用途调整硬度。

1 将面筋切成 3 cm 块状。水果萝卜切圆片，大头菜切厚一点。甘蓝切方形片状。
2 因为油炸根茎菜比较花费时间，所以先在油温 170 ℃下水果萝卜和大头菜炸。待根茎菜水分完全蒸发后，再下入裹上面衣的面筋。根茎菜的水分适当去除后可激发甘甜味，保留口感。
3 将面筋炸至中间变熟，表层酥脆。注意不要把面衣炸焦。
4 取出根茎菜和面筋后，将甘蓝快速过油。
5 在锅中放入适量的田乐味噌加热，加入切碎的蜂斗菜，再倒入适量的高汤，做成浓稠的酱汁。
6 将根茎菜、面筋和甘蓝一起装盘，淋上5的田乐味噌。

培根芦笋天妇罗饭

雪椿

温度时间：140~150 ℃炸 2 分钟。
预想状态：保持芦笋的多汁感，不要让其水分流失。

培根（切滚刀块）
绿芦笋（切斜片）
低筋面粉、天妇罗面糊（低筋面粉、鸡蛋、水）、油

米饭、盐
大葱、海苔丝

1 将培根切滚刀块，绿芦笋切斜片。
2 在碗中放入1的食材，然后撒上低筋面粉，滴入浓稠的天妇罗面糊，混合搅拌均匀。
3 油温 140~150 ℃下锅炸至酥脆捞出。
4 将3的炸饼碾碎，与刚做好的米饭拌匀。再加入切成薄片的大葱和盐调味。
5 放入碗中，撒上海苔丝。

香鱼片、沙丁鱼酥皮、乌鱼子、沙丁脂眼鲱酥炸拼盘

根津竹本

这是一道秋季的下酒菜拼盘。提前将水分较少的食材炸好，放一段时间也不会变质。提前上菜，搭配酒正合适。

温度时间：沙丁鱼用接近 170 ℃油温炸十几秒。白味噌腌制的乌鱼子快速过油，海苔炸几秒即可。沙丁脂眼鲱炸 1 分钟。香鱼炸 2~3 分钟。银杏用较低的 160 ℃油温炸 2~3 分钟。

预想状态：因为食材水分较少，所以需要低温油炸，以防炸焦。

香鱼、盐水（盐分浓度 3%）
沙丁脂眼鲱
沙丁鱼
海苔
白味噌腌制的乌鱼子 *
银杏
油
盐、七味辣椒粉

*用纱布包住乌鱼子，放在京都的白味噌中腌制 1 周左右。从味噌中取出后，抽真空包装，放在冰箱中保存。

1 从背部切开香鱼去骨，随后放在盐水中浸泡 1 小时，然后穿起来在室内风干一天。风干之后会炸得比较酥脆，水分蒸发后也可以减少油的消耗量。
2 将银杏去壳，油温 160 ℃下锅炸 2~3 分钟后取出，去掉表皮。
3 将香鱼切成 2 等份，油温 170 ℃下锅炸。
4 接下来下入沙丁脂眼鲱。再放入沙丁鱼、海苔和乌鱼子。之后依次捞出乌鱼子、海苔、沙丁鱼、沙丁脂眼鲱并沥油。
5 将 2、3、4 的食材拼盘，撒上盐和七味辣椒粉。

第五章 春卷 腐皮 油炸料理

香鱼仔鱼和豆瓣菜 炸春卷

旬菜 小仓家

豆瓣菜的苦味与香鱼的苦味很搭。用春卷皮包起时最好排出所有空气。如果使用小馄饨皮来包的话，可以做成小点心。

温度时间：160 ℃炸 3 分钟。

预想状态：因为食材不易熟，所以需要低温慢炸到中间变热，如果皮很薄，那么稍微上色即可。

香鱼馅料（容易制作的分量）

香鱼仔鱼…300 g

卤汁（水 1 L、日本酒 45 mL）

……白鱼肉泥…200 g

豆瓣菜

春卷皮、油

1 制作香鱼馅料。先将香鱼洗净并汆烫，再倒入压力锅中，放入大量卤汁熬煮 1 小时。如果对卤汁进行调味的话，会导致香鱼柔和的苦味消失，需要多加注意。

2 取出香鱼仔鱼并用料理机打碎。然后加入白鱼肉泥，做成香鱼馅料。

3 打开春卷皮，铺上豆瓣菜，放上 60 g 香鱼馅料后包起来。

4 油温 160 ℃下锅慢炸 3 分钟，起锅沥油后装盘。可以将整条春卷直接装盘，也可以切成便于食用的大小后再装盘。

炸海胆海苔卷

楮山

这是一道将生海胆的甘甜味与玉米酱的甘甜味搭配在一起的料理。炸至海胆温度适中即可，不要炸过头。

温度时间：200 ℃炸 30 秒。
预想状态：高温快速油炸，将米线网炸熟即可。

海胆
青紫苏
海苔
米线网、油
玉米酱（容易制作的分量）
……玉米…1 根量
……牛奶…200 g
……鲜奶油…50 g
大葱开的花

1 将海苔放在米线网上，不要超过米线网的范围。在海苔靠近手边的位置铺上紫苏。再在紫苏上放上海胆，从两端卷起海苔，注意不要让海胆漏出来，最后用整张米线网包起来。

2 油温 200 ℃下 1 的食材炸 30 秒，随后取出沥油。

3 准备玉米酱。将玉米煮好后剥下玉米粒，用料理机打碎后以滤网过滤。

4 在锅中下入 3 的玉米泥，再加入牛奶和鲜奶油后小火煮至浓稠。如果味道不够就加一点盐（未在食谱分量内）。

5 将玉米酱铺在盘子里，放上对半切开的海苔卷。再撒上大葱开的花。

麦秸炸虾

Waketokuyama

在香菇中塞入蒸过的虾真丈，再用米线网包裹起来，放入热气腾腾的油锅中油炸，调整成草帽的形状。吃起来酥脆爽口。

→做法详见第 166 页

海胆腐皮天妇罗
山菜羹

Mametan

用腐皮包裹鲜嫩的海胆，做成丸子形状的天妇罗。与腐皮搭配的山菜羹味道清淡。也可以放在米饭上做成腐皮盖浇饭。

→做法详见第 166 页

炸腐皮包芝麻糊无花果

旬菜　小仓家

因为无花果当季时间很短，所以是具有季节性的食材。这里使用的是干果，但是当季的时候一定要用新鲜无花果。

→做法详见第 167 页

舞菇真丈 炸米线网牛肉

旬菜　小仓家

米纸是用米粉做成的东方食材，用水泡发后可以用来做生春卷。这里使用的类似米纸的材料是网状镂空的米线网。

→做法详见第 167 页

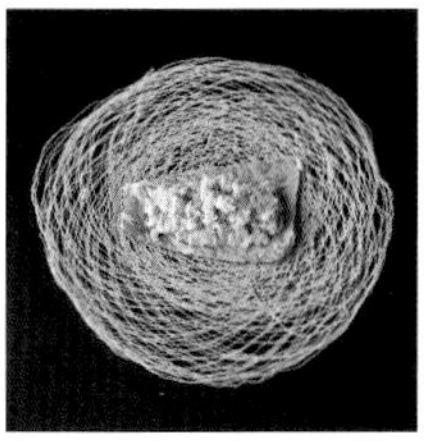

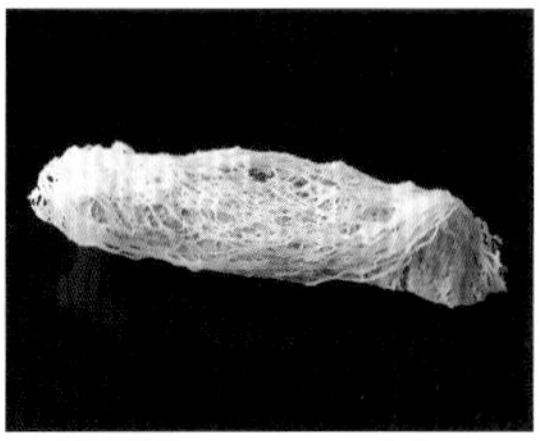

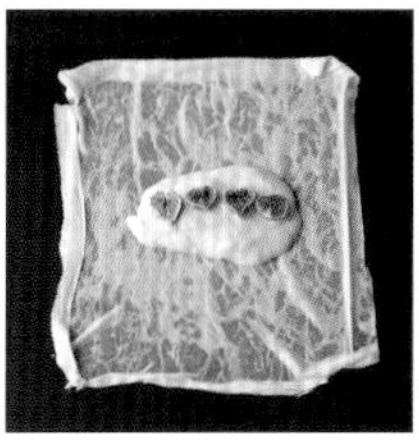

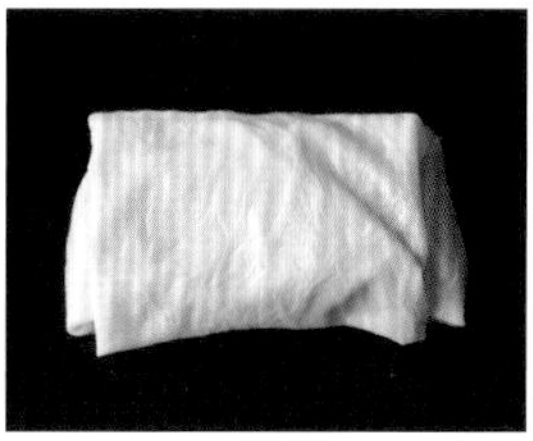

麦秸炸虾

Waketokuyama

温度时间：180 ℃炸 30 秒。
预想状态：尽快将还在白生生状态下的米线网调整成漂亮的形状。

虾真丈（容易制作的分量）
去壳虾…300 g
白鱼肉泥…150 g
洋葱（剁碎）…小半个量
蛋清…半个量
蛋黄酱 *…2 大勺
淡口酱油…5 mL
香菇、马铃薯淀粉
米线网、油

搭配用高汤（高汤 17 ：淡口酱油 1 ：味醂 0.5）
佐料（青紫苏丝、蘘荷、生姜、切齐的豆瓣菜）
玉米笋、油

*用打蛋器将 1 个蛋黄打发，再慢慢倒入 120 mL 色拉油搅拌，制成蛋黄酱。

1 制作虾真丈。将虾去掉虾线后放入盐水（未在食谱分量内）中清洗，擦干后用刀剁碎。洋葱焯水。

2 用研钵将白鱼肉泥磨碎，加入 1 的虾肉继续研磨。再加入 1 的洋葱、蛋清和蛋黄酱搅拌均匀，用淡口酱油调味。

3 去掉香菇梗，在香菇内侧用刷子刷上马铃薯淀粉，再塞入 2 的虾真丈。放在托盘上上锅蒸 10 分钟。

4 油温至 180 ℃放入圆滤网，滤网上放上米线网，然后塞入 3 的材料，再用筷子调整米线网的形状。

5 调整成草帽的形状后便可起锅沥油并装盘。倒入已经煮沸的搭配用高汤后再放上佐料。附上炸好的玉米笋。

海胆腐皮天妇罗 山菜羹

Mametan

温度时间：180 ℃炸 20 秒。
预想状态：海胆和腐皮都是可以生吃的食材，因此只需要高温油炸至面衣固定即可。不要将中间的海胆炸得太老。

海胆
鲜嫩腐皮
低筋面粉、天妇罗面糊（低筋面粉、蛋黄、水）、油

山菜羹（高汤 7 ：浓口酱油 1 ：味醂 1，山菜 *，葛粉适量）
芥末

*可以选择使用圆叶玉簪、虾夷葱、辽东楤木、土当归。

1 将鲜嫩腐皮从水中捞起并沥干。

2 将沥干的腐皮展开，包入 20 g 新鲜的海胆，然后撒上低筋面粉，过天妇罗面糊，油温 180 ℃下锅快速油炸，炸至面衣酥脆。随后起锅沥油。

3 制作山菜羹。将山菜切成短条状。在高汤中加入浓口酱油和味醂调味，再放入山菜加热，最后倒入葛粉水勾芡。

4 在碗中放入 2 的炸腐皮天妇罗，淋上山菜羹。最上面放上芥末。

炸腐皮包芝麻糊 无花果

旬菜 小仓家

温度时间：160 ℃炸 1 分钟，最后油温升至 180 ℃。
预想状态：不要将腐皮炸焦，使用低温油炸，使中间的芝麻糊沸腾即可。

芝麻糊（容易制作的分量）
- 昆布高汤…720 mL
- 芝麻酱…180 mL
- 砂糖…5 小勺
- 葛粉…140 g
- 浓口酱油…适量

无花果
鲜腐皮
油

酱油羹（高汤 8 ：浓口酱油 1 ：味醂 1，葛粉适量）

1 制作芝麻糊。将材料全部倒入锅中搅拌均匀，然后开火加热。沸腾后转小火煮 20 分钟，再用木勺搅拌散热。将其调整为炸之后内部入口即化的浓度。
2 将鲜腐皮展开，放上 10 g 芝麻糊，再放上切成小块的无花果后包起来。
3 油温 160 ℃下锅炸，炸至中间的芝麻糊变热即可。为了让食材不那么油腻，最后将油温提升至 180 ℃后起锅。
4 制作酱油羹。按照食谱上的比例将高汤、浓口酱油、味醂混合煮沸，再慢慢加入葛粉水勾芡。
5 将 3 的食材装盘，淋上酱油羹。为了让读者看到中间的食材，成品图展示的是切开的状态。为了不让芝麻糊流出，上桌时不需要切开。

舞菇真丈 炸米线网牛肉

旬菜 小仓家

温度时间：160 ℃炸 3 分钟，最后油温升至 180 ℃。
预想状态：油温 160 ℃慢慢炸。最后提升油温使食材不那么油腻。

舞菇真丈（容易制作的分量）
- 舞菇…200 g
- 白鱼肉泥…500 g
- 蛋黄酱 *…3 个量

牛肉（切薄片）、盐、胡椒
米线网、马铃薯淀粉、油

*在碗中打入 3 个蛋黄，用打蛋器打发后，慢慢加入 150 g 色拉油搅拌，制成蛋黄酱。

1 制作舞菇真丈。将舞菇撕成适当大小，油温 180 ℃下锅炸至酥脆。取出后将油沥干，再用搅拌机打碎。
2 加入白鱼肉泥和蛋黄酱，继续打成糊状。
3 在米线网上喷点水，中间铺上撒了盐和胡椒粉的牛肉，再放上 50 g 2 的虾真丈，卷成春卷状。
4 用刷子刷上低筋面粉，油温 160 ℃下锅慢炸。最后提高油温至 180 ℃再起锅沥油。切成便于食用的大小后装盘。

香菇春卷

雪椿

将香菇浸泡3小时再开火煮，以浓缩其甘甜味的煮汁作为馅料汤底。用春卷皮包住馅料炸至酥脆。重点在于要将香菇和青虾都切大块。

→做法详见第170页

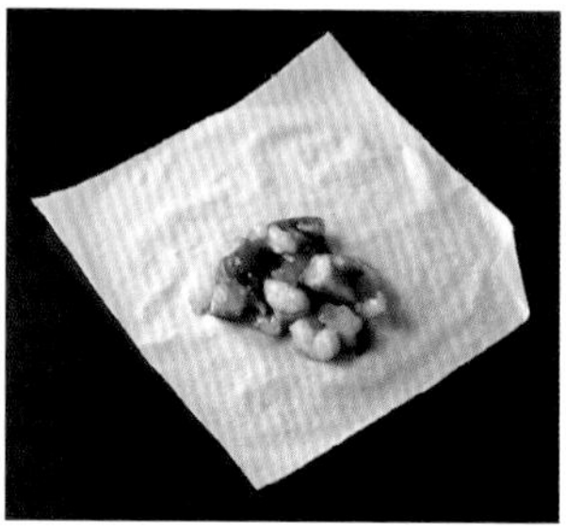

圆网炸甲鱼

Waketokuyama

将煮成甜辣口味的甲鱼冻用米线网包起来油炸。由于卤汁很容易流出来，所以里面还要包一层紫苏。入口即化的甲鱼冻和酥脆的米线网在口感上形成鲜明的对比。

→做法详见第170页

洋葱和风春卷

西麻布 大竹

炸到酥脆的春卷皮和入口即化的甜嫩洋葱，请畅享这两种不同的口感。上桌时需要提醒客人里面非常烫。

→做法详见第171页

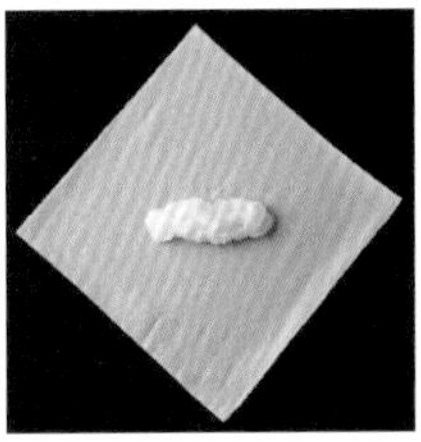

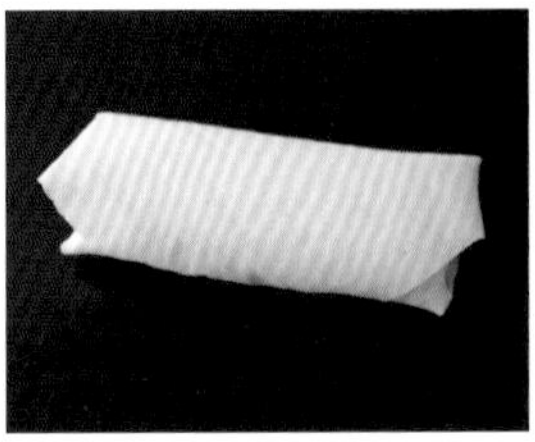

炸黑腐皮包鱼鳔

旬菜 小仓家

选择新鲜的鱼鳔，和鲜腐皮一起剁碎作为内馅，再用黑腐皮包起来。搭配盐或天妇罗酱汁食用都很不错。

→做法详见第171页

香菇春卷

雪椿

温度时间：150 ℃炸 3 分钟。
预想状态：将春卷皮炸至可口的金黄色，馅料热乎即可。

春卷馅料
- 香菇（大）…1.5 个
- 青虾肉…2 只
- 盐、马铃薯淀粉

春卷皮、油
黄芥末

1 准备需要包在春卷里的馅料。香菇去梗后切成大块，在大量水中浸泡 3 小时，然后开火煮，将香菇的香味留在水中。

2 将 **1** 的香菇和切成大块的青虾肉一起放在中华料理锅中，倒入 **1** 的汤汁后开火煮。虾肉煮熟后便加盐调味，再慢慢倒入马铃薯淀粉水勾芡，静置冷却。

3 在春卷皮中包入 **2** 的馅料，油温 150 ℃下锅炸。将春卷皮炸至金黄、中间馅料热热乎乎便可起锅沥油。搭配黄芥末。

圆网炸甲鱼

Waketokuyama

温度时间：170 ℃炸 1 分钟。
预想状态：火候要控制在鱼冻刚好快要融化的程度，在上桌前用余温加热，享用时正好融化。

春卷馅料（容易制作的分量）
- 甲鱼…1 只（800 g）
- 卤汁（日本酒 100 mL、味醂 60 mL、浓口酱油 20 mL）
- 生姜（切丝）

青紫苏
米线网、蛋清、油

1 杀好甲鱼，浸泡在 60~70 ℃的热水中剥去薄膜。在锅中加入 2 L 水（未在食谱分量内）煮甲鱼。小火煮 30~40 分钟将甲鱼煮软，此时已经煮成甲鱼高汤，把甲鱼捞起沥干。

2 将 **1** 的甲鱼的骨头和多余的脂肪、筋去除之后，留下甲鱼肉切块。甲鱼高汤可放好，用在别的地方。

3 将 **2** 的甲鱼肉再次放入锅中，再将卤汁用材料全部倒入，开火加热。待汤汁熬煮到快要收干时，加入姜丝继续煮，最后倒入容器中冷却凝固。

4 将 **3** 的甲鱼冻切成 15 g 一块之后用紫苏包起来。再用一半米线网卷起，用蛋清粘住边缘（封口）。

5 油温 170 ℃下锅炸 1 分钟左右，在甲鱼冻快要融化前捞出。沥油后装盘。

洋葱和风春卷

西麻布 大竹

温度时间：175 ℃炸 3 分钟，最后油温升至 180 ℃。
预想状态：使用较为浓稠的葛粉，让洋葱有入口即化的感觉。需要高温快速油炸，以防变色。

春卷馅料
……嫩洋葱（切丝）…少量
色拉油…少量
第一道高汤、淡口酱油、盐…各少量
葛粉
春卷皮、油

1 用少量色拉油翻炒嫩洋葱，待炒到稍微变色后加入第一道高汤、淡口酱油和盐调味。再加入葛粉水勾芡。
2 将1的食材放入裱花袋中冷却。
3 在春卷皮上挤出 25 g 2的食材包起来。
4 油温 175 ℃下锅炸 3 分钟左右。炸至稍微上色后便可起锅沥油，随后装盘。

炸黑腐皮包鱼鳔

旬菜 小仓家

温度时间：180 ℃炸 5 分钟。
预想状态：高温慢炸让中间呈现流动状态，并将外层包裹的腐皮炸至酥脆。

鱼鳔酱
……鲜嫩黑腐皮
鳕鱼鳔
鲜腐皮（黑）
米粉、油
天妇罗酱汁＊

＊按照高汤 6 ：浓口酱油 1 ：味醂 1 的比例调和在一起后煮开，然后冷却使用。

1 制作鱼鳔酱。用盐水（未在食谱分量内）快速清洗鱼鳔，再切成适当大小。与鲜嫩黑腐皮混合在一起，用刀剁碎当作内馅。
2 将鲜腐皮展开，铺上 80 g 1的馅料，随后包成春卷状。
3 将2的食材撒上米粉，油温 180 ℃下锅炸。将外侧炸至酥脆、内馅顺滑。成品图展示的是切开的状态，实际上桌时是一整条。搭配天妇罗酱汁。

鸡肝炸牛油果

Waketokuyama

以牛油果缓和鸡肝的涩味。秘诀在于火候的控制，使享用时有入口即化的惊喜。

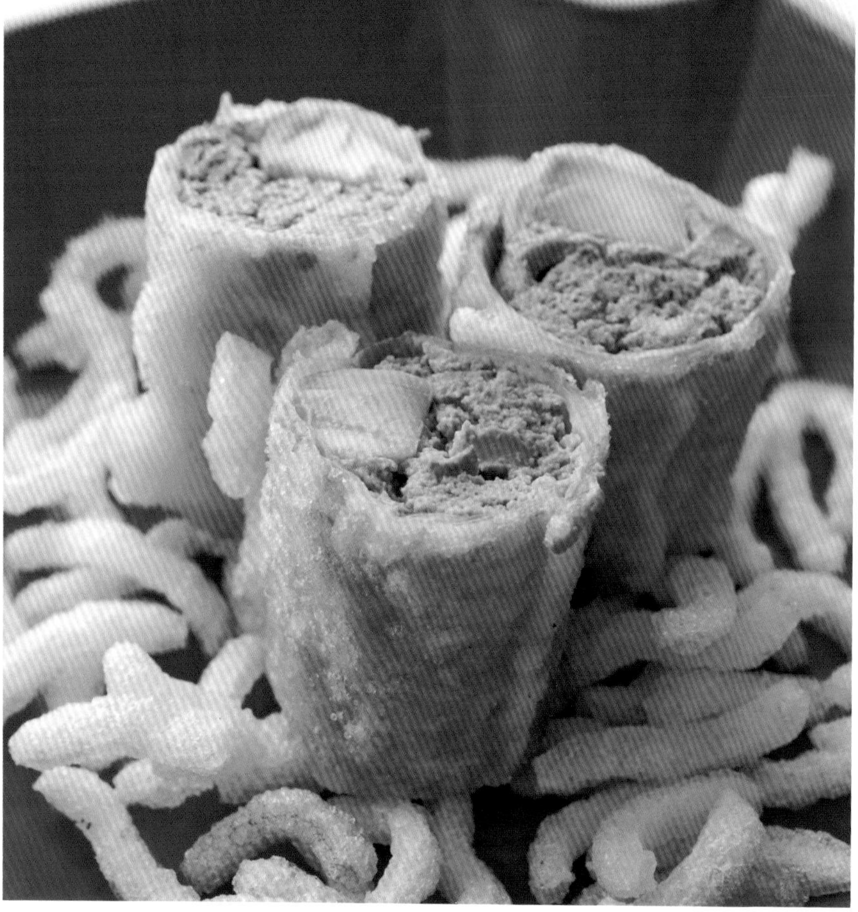

温度时间：180 ℃炸 1 分钟。
预想状态：将天妇罗面衣炸熟且炸至酥脆。中间的鸡肝稍微温热即可。

鸡肝酱（容易制作的分量）
鸡肝…300 g
盐水（盐分浓度 1%）…适量
卤汁（高汤 240 mL、水 240 mL、淡口酱油 60 mL、日本酒 60 mL、味醂 60 mL）

……………

牛油果…1 个
柠檬汁…适量
鲜腐皮、低筋面粉、蛋清
天妇罗面糊（低筋面粉 60 g、蛋黄 1 个量、水 100 mL）、油
盐
葛切（五色）、油

1 制作鸡肝酱。将鸡肝去筋后浸泡在盐水中去血腥，取出擦干后用热水余烫。在锅中放入鸡肝和卤汁后开火加热，保持在 80~85 ℃煮 10 分钟后关火。稍微放凉后便可沥干，再用研钵磨碎。

2 牛油果切块，为防止变色需要抹上柠檬汁。

3 展开鲜腐皮，用刷子刷上低筋面粉，铺上 100 g 鸡肝酱和牛油果，从手边卷起。用蛋清粘住边缘。

4 在 3 的食材的周边用刷子刷上低筋面粉后，裹上天妇罗面糊，油温 170 ℃下锅炸。再切成 3 等份，薄薄撒上一层盐后装盘。搭配油炸后的葛切。

腐皮春卷

Mametan

几种山菜在春天出现，将它们用腐皮卷起来油炸，
这正是如同『卷起春天』一般的春卷啊！

温度时间：160~170 ℃炸 1 分 30 秒。
预想状态：为了使有黏稠感的山菜馅料热气腾腾，需要低温油炸并不断翻动，且需要多花些时间好好油炸。

春卷馅料
- 小贝柱
- 山菜（荚果蕨、辽东楤木、土当归）
- 卤汁（高汤、盐、淡口酱油）、葛粉
- 樱桃番茄（红色、黄色）

盐渍樱叶
鲜腐皮、油、盐
辽东楤木、油、盐

1 将小贝柱快速洗净后擦干。再把荚果蕨、辽东楤木和土当归切细，将卤汁的口味调成酱汁般，下入上述食材快速加热，再加入葛粉水勾芡。盐渍樱叶快速水洗后擦干。

2 将鲜腐皮展开，放上1的樱叶。在樱叶上放上1的其余食材，加上樱桃番茄包起来。用水化开低筋面粉（未在食谱分量内），以面糊粘住边缘。

3 油温160 ℃下2的春卷。为了将馅料炸熟，需要多花些时间好好油炸。留心不要把腐皮炸焦。

4 炸至浅金黄色后，将油温提升至170 ℃，随后起锅沥油。撒上盐。

5 将春卷装盘，搭配油炸后并撒上盐的辽东楤木。

米俵炸

Waketokuyama

一道在红豆馅中混入煎过的核桃和芝麻，再裹上糯米粉，炸至酥酥脆脆的甜点。吃起来可以强烈感受到温热和甜度，不必过度调味。

温度时间：160 ℃炸 1 分钟。
预想状态：红豆馅稍微温热即可。
不要把糯米粉炸焦。

红豆馅（容易制作的分量）
……红豆馅…300 g
核桃…100 g
熟芝麻…30 g
柚子皮（切丝）…半个量
鲜腐皮
低筋面粉、蛋清、糯米粉、油

1 在碗中放入红豆馅、核桃、熟芝麻和切成丝的柚子皮搅拌均匀。

2 在砧板上铺上鲜腐皮，用刷子刷上低筋面粉。取 150 g **1** 的馅料捏成棒形，放在腐皮上靠手边处，卷起后用蛋清粘住边缘。

3 将**2**的食材切成适当的长度，再撒上低筋面粉，过搅匀后的蛋清。周围紧紧裹上糯米粉后，油温 160~170 ℃下锅炸。

4 将糯米粉炸至酥脆后起锅，将两端切齐，再切成约 3 cm 的长度后装盘上桌。

炸腐皮千层酥

旬菜 小仓家

这是一道将腐皮叠成千层酥的样子油炸，再搭配奶黄酱的甜点。炸过的腐皮容易吸湿软化，因此需要风干冷却。

温度时间：170 ℃炸 5 分钟。
预想状态：腐皮水分含量较高，需要好好脱水才能轻盈酥脆。

鲜腐皮（白、黑）
油
奶黄酱（容易制作的分量）
蛋黄…3 个量
牛奶…800 mL
细砂糖…80 g
低筋面粉…20 g
香草籽…少量

糖煮蚕豆（蚕豆、糖浆*）
*用 100 mL 水溶化 10 g 细砂糖制成。

1 将鲜腐皮切成 8 cm 的方形，油温 170 ℃下锅炸。将水分炸干后取出，风干 30 分钟冷却。

2 制作奶黄酱。在锅中下入蛋黄、牛奶和细砂糖后，用打蛋器搅拌均匀。待细砂糖完全混匀后，加入低筋面粉和香草籽，继续开火搅拌 30 分钟。随后整锅转移到冰水中冷却。

3 制作糖煮蚕豆。蚕豆剥皮后放入盐水（未在食谱分量内）中快速焯水。将细砂糖和水混合后制成糖浆，再把煮过的蚕豆放进糖浆中稍微熬煮一下，最后整锅浸泡在冰水中冷却。

4 将白腐皮和黑腐皮交替铺在盘子中，淋上奶黄酱，再放上糖煮蚕豆。

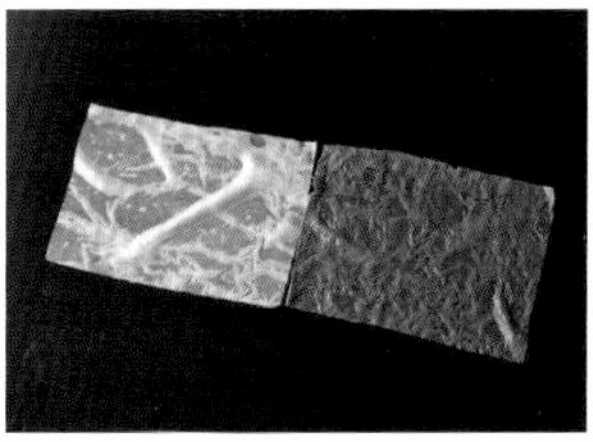

楮山

楮山明仁

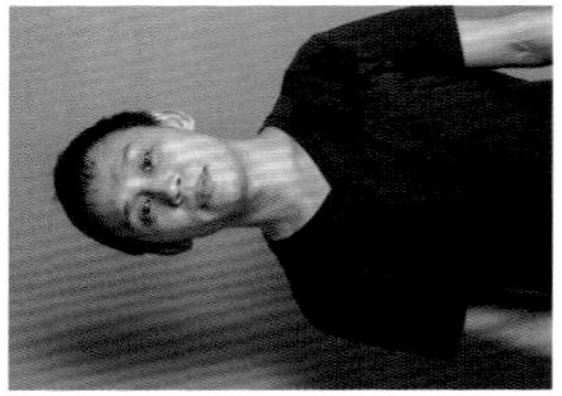

东京都港区六本木 3-4-33
MARUMAN 六本木大厦B 1 F
电话 03-5797-7705

1986 年生于鹿儿岛县。2006 年进入东京日比谷帝国酒店的『天妇罗 天一』工作。之后又前往都内的和食店、东京新宿的乡土料理店『Kurawanka（くらわんか）』学习日本料理的基础知识。在此之后于『日本料理 龙吟』学习积累了一年经验，随后前往东京代官山的法国料理店『Le jeu de l'assiette（ル・ジュー・ドゥ・ラシエット）』学习甜点及烤肉的制作方法等知识。2015 年 6 月，即29岁时开始独立创业。于东京六本木一丁目开设日本料理店『楮山』至今。所有座位都是独立包厢，提供以日本料理为基础、采用法国料理的制作方法和装盘技巧的套餐。用制作法国料理的技巧来制作日本料理的食材，并摆盘成西式料理的主菜广受食客欢迎。

［刊载料理］

久丹

中岛功太郎

东京都中央区新富 2-5-5
新富ＭＳ大厦 1F
电话 03-5543-0335

1978 年生于福冈县。在福冈当地的烹饪店开始学习日本料理。为了扩大视野，24岁前往洛杉矶，进入松久信幸的『Matsuhisa』工作。这家店是寿司和和风融合料理『NOBU』的前身。回国后，先在东京的寿司店『秋月』研修，2007 年进入东京元麻布的『Kanda（かんだ）』工作。在该店研修10年后，于 2018 年在东京银座附近的新富町开设店铺『久丹』。店内有 8 个吧台座位，1 间包厢（可容纳六七人）。只提供无菜单套餐。由于擅长制作高汤调制的料理，本书介绍了他融入高汤创作的油炸料理，搭配油炸物的羹汤以及炊饭等。

［刊载料理］

旬菜 小仓家

堀内诚

东京都世田谷区池尻 2-31-18
LiME 池尻大桥 2 F
电话 03-3413-5520

1977 年生于山梨县。从织田调理师专门学校毕业后，进入株式会社滨屋工作。拜于橘俊夫先生门下开始学习日本料理。之后转向东京天王洲的『橘』『Laputa（ラピュタ）』研修。经过13年的研修，2011 年于东京池尻大桥开设店铺『旬菜　小仓家』。2018 年，将店面扩大并转移至马路斜对面处。店内有吧台座位、包厢、室外露天座位。使用从德岛直接运送来的鱼贝类和从山梨运送来的野菜所制作的料理，广受欢迎。除套餐外，单品料理也很丰富，还可以接待非用餐时间的顾客。他的兴趣爱好是收集江户时代的古老餐具。为了保持健康，长年坚持慢跑。

［刊载料理］

西麻布 大竹

大竹达也

东京都港区西麻布 1-4-23
CORE 西麻布 1 F
电话 03-6459-2833

1982 年生于爱媛县。从大阪天王寺的辻日本料理 master college 毕业后，在岐阜的『Takada Hassho（たか田八祥）』进行10年的研修。此后，于该店的分店『Kogane Hassho（こがね八祥）』『Wakamiya Hassho(わかみや八祥）』担任 6 年的店长。2017 年在东京西麻布独自开设店铺『西麻布 大竹』。店内除了有 8 个吧台座位以外，还有 1 个包厢（可容纳 4 人）。主要提供以当季料理为主的10道左右的无菜单套餐。在正宗日本料理的菜色中，搭配简单却煞费功夫的料理。当季的奶油可乐饼便是其中之一。『大竹』总能将广受欢迎的可乐饼做出精致的味道。

［刊载料理］

根津竹本

竹本胜庆

东京都文京区根津 2-14-10
B 1 F
电话 03-6753-1943

1977 年生于东京。自东京国立学校辻东京毕业，随后进入帝国酒店的『东京吉兆』工作，但因为希望工作时能看见顾客，因此转向大塚的知名居酒屋『Konakara（こなから）』工作。这是一家因美味的料理和齐全的酒品种类而非常受欢迎的居酒屋（现已关门）。在吧台工作了19年的竹本于 2015 年独立创业。在东京根津开设店铺『根津竹本』。他提出了『不过于高级，也不过于休闲』的概念，并致力于做出与日本酒和红酒均非常相配的料理，因此广受好评。虽以单品料理为主，但也可提供套餐。他每天早上都会去丰洲市场，亲自挑选鱼贝类食材，并以此为中心准备菜品。

［刊载料理］

Mametan

秦直树

东京都台东区谷中 1-2-16
电话 080-9826-6578

1986 年生于北海道。进入札幌的学园调理制果专门学校学习日本料理。毕业后，进入东京纪尾井町的『福田家』工作，开始研修日本料理。2015 年独自创业，于东京谷中开设店铺『Mametan（まめたん）』。他将原本是豆炭店的古民家一楼进行了改装，改成了有 7 个吧台座位和 4 人小桌的小巧店铺，这全部由他一人操办。店内只有 1 个套餐，即以他从丰洲市场挑选的鱼贝类为中心而制作的套餐。推荐随着上餐流程搭配日本酒食用。他性格风趣潇洒，待人温柔随和，因此吸引了很多熟客。因为使用以现代工艺家作品为主的时尚且有个性的餐具而广受好评。

［刊载料理］

雪椿

市川铁平

东京都杉并区天沼 3-12-1
2 F
电话 03-6279-9850

1978 年生于东京。从上班族转业，28岁进入东京银座的西班牙料理店工作。结束 3 年的研修后，又进入惠比寿的烹饪店、赤坂的『Marushige 梦叶』学习制作和食。该店是有着70 个座位的大型居酒屋，主要制作以鱼贝类为主的和食基础创意料理。经过在这家店的 5 年研修，他提升了创作料理和高效工作的能力。2014 年以自己的家业新潟乡土料理店『雪椿』为名，在东京荻洼开设店铺『雪椿』。店内有 8 个吧台座位、12 个桌边座位，并由他一人制作料理且提供服务。他不局限于日本料理，自由创作出很多季节感十足的料理，因此广受好评。

［刊载料理］

莲

三科惇

1983年生于神奈川县。自东京国立学校辻东京、大阪的辻调理师专门学校毕业，学习日本料理的基础知识。2006年，进入东京神乐坂的『石川』工作。在石川秀树门下开始学习日本料理。2008年转到同为石川集团的『虎白』学习工作。次年进入新开张的『莲』工作。2018年，随着『莲』转移到银座，他也开始担任该店店长。该店位于银座地段，但也准备了除7个吧台座位以外的包厢（6人×2间）。在银座这个大舞台上，由他所带领的年轻店员们尽心招待着顾客。在本书中，缘于店名，介绍了使用莲藕做成的油炸料理。

东京都中央区银座 7-3-13
新银座大厦 1 F・B 1 F
电话 03-6265-0177

［刊载料理］

Waketokuyama

阿南优贵

1984年生于福冈县久留米市。毕业于福冈中村调理制果专门学校。毕业后进入『Waketokuyama（分とく山）』工作，从打杂做起，历经15年的研修。2018年总店转移到周边新建的大楼中，他也于此时担任总店的厨师长。在该店总厨师长野崎洋光先生的教导中，他在遵循日本料理的基本操作方法之下，也摸索出与时代相呼应的烹饪手法。他在管理工作人员的同时，又要继续发扬这个知名店铺的优良传统，虽然困难重重，但他每天都向着这个有意义的目标进发。本书介绍了他用汤圆、牛舌等以前不常用于油炸的食材而做成的前菜拼盘、主菜等油炸料理。

东京都港区南麻布 5-1-5
电话 03-5789-3838

［刊载料理］

◎根据用料搜索菜谱

下面将本书中所录菜谱按照主要用料进行了粗略归类，疏漏在所难免，仅供大致查询。

注：用料按笔画顺序排列，用料下方的具体料理则按行文先后顺序排列。

［八画］

［九画］

图书在版编目（CIP）数据

日式油炸料理新口味150 / 日本柴田书店编；小小绿译. --郑州：河南科学技术出版社，2025.1. --ISBN 978-7-5725-1777-8

Ⅰ. TS972.183.13

中国国家版本馆CIP数据核字第2024KE8846号

出版发行：河南科学技术出版社
地址：郑州市郑东新区祥盛街27号　　邮编：450016
电话：（0371）65737028　65788613
网址：www.hnstp.cn
策划编辑：李　洁
责任编辑：李　洁
责任校对：耿宝文
封面设计：张　伟
责任印制：徐海东
印　　刷：河南瑞之光印刷股份有限公司
经　　销：全国新华书店
开　　本：787 mm×1 092 mm　1/16　　印张：12　　字数：300 千字
版　　次：2025年1月第1版　　2025年1月第1次印刷
定　　价：78.00元